Ernst Probst

# Anno 1.000.000

Deutschland
in der älteren Altsteinzeit

Impressum:
Anno 1.000.000. Deutschland in der älteren Altsteinzeit
1. Auflage als Print-Buch: Juni 2019
Autor: Ernst Probst
Im See 11, 55246 Mainz-Kostheim
Telefon: 06134/21152
E-Mail: ernst.probst (at) gmx.de
Herstellung: Amazon Distribution GmbH, Leipzig
Alle Rechte vorbehalten
ISBN: 978-1075864483

*Tierwelt vor etwa 600.000 Jahren.*
*Bild: Gemälde von Fritz Wendler (1941–1995)*
*für das Buch „Deutschland in der Steinzeit" (1991)*
*von Ernst Probst*

*Frühmenschen vor etwa 600.000 Jahren auf der Pirsch.*
*Bild: Gemälde von Fritz Wendler (1941–1995)*
*für das Buch „Deutschland in der Steinzeit" (1991)*
*von Ernst Probst*

# Vorwort

Nackte, kleine und kräftige Frühmenschen erkundeten bereits vor rund einer Million Jahren das Mittelrheingebiet. Als Beweis hierfür gilt ein primitives Steinwerkzeug aus jener Zeit, das in einer Tongrube von Kärlich bei Koblenz entdeckt wurde. Bei dem unscheinbaren Fund handelt es sich um einen Flusskiesel aus Quarzit, an dem man mit wenigen Schlägen eine Schneidekante geschaffen hatte. Gleich mehrere aus Flusskieseln zurechtgehauene Werkzeuge barg man aus etwa 1,2 Millionen bis 600.000 Jahre alten Schichten der Mosel bei Gondorf. Die Erzeuger dieser und anderer Artefakte errichteten keine Behausungen, beherrschten nicht das Feuer, besaßen keine wirksamen Waffen, weder Kleidung noch Schmuck, keine Musikinstrumente und Kunstwerke, konnten kein H, L, R, S und Z sprechen und ließen ihre Toten achtlos liegen. Als eindrucksvollster Hinweis für die Anwesenheit von Frühmenschen in Deutschland gilt der in einer ehemaligen Schleife des Neckars von Mauer bei Heidelberg entdeckte mächtige Unterkiefer eines jungen Mannes, der vor ca. 630.000 Jahren starb. Dank der Funde aus Bilzingsleben in Thüringen ist viel über das Leben unserer Vorfahren vor rund 400.000 Jahren bekannt. Sie waren mutige Jäger, die selbst vor großen und gefährlichen Tieren nicht zurückschreckten. Auf einem Ritualplatz haben sie offenbar die Schädel verstorbener Angehöriger zertrümmert und ihr Gehirn verzehrt. Nachzulesen ist dies in dem Taschenbuch „Anno 1.000.000. Deutschland in der älteren Altsteinzeit".

*Steinschläger in der Altsteinzeit.*
*Zeichnung: Fritz Wendler (1941–1995)*
*für das Buch „Deutschland in der Steinzeit" (1991)*
*von Ernst Probst*

# Inhalt

*Archäologe Christian Jürgensen Thomsen (1788–1865).*
*Bild: Reproduktion von Klaus Benz, Mainz-Laubenheim*

# Die Altsteinzeit

Als Steinzeit gilt jenes Zeitalter, in dem der Stein der am meisten verwendete Rohstoff für die Herstellung von Werkzeugen und Waffen war. Solche künstlich von Menschen-hand angefertigte Geräte werden von den Archäologen als Artefakte bezeichnet. Die Steinzeit gilt als das älteste und längste Zeitalter der Urgeschichte. Den Begriff Urgeschichte verwendet man für die Zeit seit dem ersten Auftreten des Menschen bis zum frühesten Gebrauch der Schrift.

Die Steinzeit begann in Afrika schon vor mehr als zwei Millionen Jahren, in Europa und Asien vor mehr als einer Million Jahren, in Amerika und Australien vor wenigen Jahrzehntausenden. Ihr Ende fand die Steinzeit in vielen Gebieten mit der Herstellung und Verwendung von Bronze, die mancherorts bis in die zweite Hälfte des dritten Jahrtausends vor Christus zurückreicht.

Der Begriff Steinzeit geht auf den dänischen Archäologen Christian Jürgensen Thomsen (1788–1865) aus Kopenhagen zurück. Er teilte 1836 die Urgeschichte nach dem jeweils am meisten verwendeten Rohstoff für Werkzeuge und Waffen in drei Zeitalter ein: nämlich Steinzeit, Bronzezeit, Eisenzeit.

Die Altsteinzeit ist die älteste und längste Periode der Steinzeit. Wie die Steinzeit begann sie in jedem Land zu dem Zeitpunkt, von dem ab erstmals Stein als Rohstoff für die Herstellung von Werkzeugen und Waffen benutzt wurde. Ihr Ende wird in Europa mit demjenigen des Eiszeitalters vor etwa 10.000 Jahren (etwa 8.000 v. Chr.) gleichgesetzt.

Der Begriff Altsteinzeit (Paläolithikum) wurde 1865 von dem englischen Prähistoriker John Lubbock (1834–1913) eingeführt.

Er teilte die Steinzeit in zwei Perioden. Die ältere davon nannte er Paläolithikum (deutsch: Altsteinzeit oder ältere Steinzeit) und definierte sie als „Periode des geschlagenen Steins". Den jüngeren Abschnitt bezeichnete er als Neolithikum (Jungsteinzeit oder jüngere Steinzeit) bzw. als „Periode des geschliffenen Steins". Der Begriff Mesolithikum (Mittelsteinzeit oder mittlere Steinzeit) wurde erst 1874 geprägt.

Die Altsteinzeit wird in vielen Gebieten Europas in drei unterschiedlich lange Abschnitte gegliedert: ältere Altsteinzeit (Altpaläolithikum), mittlere Altsteinzeit (Mittelpaläolithikum) und jüngere Altsteinzeit (Jungpaläolithikum).

Leider sind sich die Prähistoriker über die Kriterien dieser Gliederung und somit über die Zeitdauer der einzelnen Abschnitte nicht einig. Deshalb gibt es voneinander abweichende Gliederungen der Altsteinzeit. In diesem Text wird das von dem Tübinger Prähistoriker Hansjürgen Müller-Beck (1927–2018) verwendete Schema verwendet.

Die ältere Altsteinzeit beginnt mit den ersten Steinwerkzeugen und dauert bis zum Ende des mittleren Eiszeitalters (Mittelpleistozän), das dem Ende der Saale-Eiszeit bzw. dem Beginn der folgenden Eem-Warmzeit vor etwa 125.000 Jahren entspricht.

Die mittlere Altsteinzeit beginnt mit der Eem-Warmzeit vor etwa 125.000 Jahren und endet vor etwa 35.000 Jahren.

Die jüngere Altsteinzeit beginnt vor etwa 35.000 Jahren und endet vor rund 10.000 Jahren (etwa 8.000 v. Chr.). Damit ist die Altsteinzeit abgeschlossen.

Die ältere, mittlere und jüngere Altsteinzeit lassen sich vor allem durch bestimmte „Ensembles" von Steinwerkzeugen gliedern. Ab der jüngeren Altsteinzeit kommen Knochengeräte und Kunstwerke dazu. Diese „Ensembles" wurden früher von den Prähistorikern als Kulturen bezeichnet. Heute spricht man von Technokomplexen, Industrien, archäologischen Stufen oder Kulturstufen.

Die ältere Altsteinzeit umfasst

die Geröllgeräte-Industrien etwa 2.000.000 bis 1.000.000 Jahre,

das Protoacheuléen etwa 1.200.000 bis 600.000 Jahre,

das Altacheuléen etwa 600.000 bis 350.000 Jahre,

das Jungacheuléen etwa 350.000 bis 150.000 Jahre,

das Spätacheuléen etwa 150.000 bis 100.000 Jahre.

Die Angaben über die Zeitdauer der Stufen der Altsteinzeit stammen überwiegend von dem Marburger Prähistoriker Lutz Fiedler sowie teilweise von den Prähistorikern Gerd Albrecht aus Tübingen und Klaus Bokelmann aus Schleswig

*Geologe Edward James Wayland (1888–1966).*
*Foto: British Museum (Natural History), London*

# Die Geröllgeräte-Industrien

Aus der Zeit der Geröllgeräte-Industrien vor mehr als zwei
Millionen bis einer Million Jahren konnten bisher in Deutschland keine Hinweise für die Anwesenheit von Vor- oder
Frühmenschen gefunden werden. Der Begriff Geröll-geräte-
Industrien (Pebble Industry) wurde in den 1920er Jahren durch
den damals in Entebbe beim „Geological Survey of Uganda"
tätigen englischen Geologen Edward James Wayland (1888–
1966) eingeführt. Im Gegensatz dazu konnte sich der 1936 von
dem Paläontologen Louis S. B. Leakey (1903–1972) vorge-
schlagene Begriff Oldoway-Culture nicht be-haupten.
Die Anfänge der Geröllgeräte-Industrien reichen in Afrika
ungefähr bis in die Zeit zurück, zu der in Europa das
Eiszeitalter (Pleistozän) begann. In Norddeutschland gilt die
Prätegelen-Kaltzeit vor etwa 2,3 Millionen Jahren als dessen
ältester Abschnitt. Die Klimaverschlechterung der Prätegelen-
Kaltzeit wurde 1950 von den holländischen Wissenschaftlern
Isaac Martinus van der Vlerk (1892–1974) aus Leiden und Frans
Florschütz (1887–1965) aus Utrecht nachgewiesen.
Die Prätegelen-Kaltzeit war offenbar nicht mit Gletscher-
vorstößen aus Skandinavien verbunden. Im Laufe dieser
Kaltzeit verschwanden aber wärmeorientierte Pflanzen wie die
Mammutbäume (Sequoia) und die Sumpfzypressen (Taxodium).
Bald dehnten sich auf Kosten der Wälder immer mehr die
Tundren aus.
In Süddeutschland herrschten vielleicht etwa zur gleichen Zeit
wie die Prätegelen-Kaltzeit die Biber-Eiszeiten. Sie sind nach
dem Flüsschen Biber nordwestlich von Augsburg benannt und
umfassen vermutlich zwei kalte Abschnitte. Während der Biber-

*Rekonstruktion des Südelefanten (Mammuthus meridionalis)*
*von Shuhei Tamura, Kanagawa, Japan*

Eiszeiten wurden Schmelzwasserschotter damaliger Vorland-
gletscher bis in die Gegend von Augsburg verfrachtet. Die Biber-Eiszeiten wurden 1956 von Ingo Schaefer vom Geographi-
schen Institut der „Universität Regensburg" beschrieben.
Vor etwa 2,1 Millionen Jahren folgte eine in ganz Deutschland
spürbare Klimaverbesserung, die nach einem holländischen
Fundort als Tegelen-Warmzeit bezeichnet wird. Der Begriff
Tegelen-Warmzeit wurde 1905 von dem holländischen Professor für Geologie, Mineralogie und Paläontologie Eugène Dubois (1858–1940) aus Amsterdam eingeführt. In der Tegelen-
Warmzeit gediehen wieder die Wälder. Die Pflanzenwelt glich
vielerorts der heutigen am Südufer des Kaspischen Meeres. Im
Rhein-Main Gebiet wuchsen Flügelnuss *(Pterocarya)*, Pfingst-
rosen *(Paeonia)*, kautschukhaltige Bäume wie die Eukommien
*(Eucommia)* und transkaukasische Eisenhölzer wie die Parrotien
*(Parrotia)*. Zur damaligen Tierwelt gehörten Affen (M*acaca*), im
Wald lebende, wärmeorientierte Südelefanten *(Mammuthus
meridionalis)*, aber auch Nashörner *(Dicerorhinus)*, Hirsche *(Cervus)*
und Biber *(Trogontherium)*.
Vor etwa 1,6 Millionen Jahren verschlechterte sich das Klima
erneut. In Norddeutschland begann die nach der Völkerschaft
der Eburonen im heutigen Holland benannte Eburon-Kaltzeit.
Die Eburon-Kaltzeit wurde 1957 von dem holländischen Geologen Waldo H. Zagwijn (1928–2018) vom „Rijksgeologischen
Dienst" in Haarlem nachgewiesen. An Zagwijn erinnere ich
mich gerne, weil er mich bei meinen Recherchen über das
Eiszeitalter für mein Buch „Deutschland in der Steinzeit" (1991)
sehr unterstützt hat. Auch in der Eburon-Kaltzeit kam es
offenbar zu keinen Vorstößen der skandinavischen Gletscher
bis nach Norddeutschland. Statt ausgedehnter Wälder gab es
nun eine offene parkähnliche Landschaft, in der Nadelbäume
und Erlen wuchsen.

Die klimatisch anspruchsvollen Rüsseltiere, die Mastodonten, verschwanden. Diese unterschieden sich von Elefanten unter anderem dadurch, dass ihre Backenzähne nicht nachwuchsen. Die größten Tiere waren damals die laubfressenden Südelefanten. Außerdem existierten Lemminge *(Lemmus)*, Hasen *(Honolacus*) schäferhundgroße Hirsche *(Cervu*s) und Wildpferde *(Equus)*. Zeitgenossen dieser Tiere waren bis zu 1,90 Meter lange räuberische Säbelzahnkatzen *(Homotherium)*, Luchse *(Lynx)*, Marderhunde *(Nyctereutes)*, Hyänenartige *(Chasmoporthes)* und Bären *(Ursus)*.

Ähnlich alt wie die Eburon-Kaltzeit gelten die Donau-Eiszeiten in Süddeutschland, die nach dem gleichnamigen Fluss bezeichnet sind. Geologische Spuren der Donau-Eiszeiten wurden 1930 von dem katholischen Geistlichen Bartholomäus Eberl (1883–1960) aus Obergünzburg entdeckt. Die Donau-Eiszeiten umfassten vermutlich drei kalte Abschnitte. Während dieser Eiszeiten rückten die Gletscher der Alpen weit ins Alpenvorland vor. Beispielsweise reichte der westliche Teil des Lechgletschers bis in die Gegend von Kaufbeuren. In den vom Eis begrabenen Gebieten erstarb jegliches Leben. Dir Donau-Eiszeiten wurden jedoch von kurzfristigen Wärmeschwankungen unterbrochen, in denen sogar wieder Lebensbäume *(Thuja)* und Scheinzypressen *(Chamaecyparis)* im Raum Augsburg wachsen konnten.

An die Eburon-Kaltzeit und die Donau-Eiszeiten schloss sich vor etwa 1,4 Millionen Jahren die nach einem holländischen Fluss bezeichnete Waal-Warmzeit an. Die Waal-Warmzeit wurde 1957 von dem bereits erwähnten holländischen Geologen Waldo H. Zagwijn beschrieben. Im Waal breiteten sich wieder die Wälder aus, in denen erneut auch wärmeliebende Südelefanten lebten. Aus jener Zeit stammen die schätzungsweise 1,2 Millionen Jahre alten umstrittenen Schädelbruchstücke eines Frühmenschen von Orce in Spanien. Vor etwa 1,1 Millionen Jahren bahnte sich in Norddeutschland die Menap-Kaltzeit an, die nach der Völkerschaft der Menapier in Holland benannt ist. Die Menap-Kaltzeit wurde 1957 von Waldo H. Zagwijn im holländischen Rhein-Mündungsgebiet erkannt. Während dieser Kaltzeit sind skandinavische Gerölle mit Treibeis bis nach Holland gelangt Dagegen kennt man bisher aus Norddeutschland keine Spuren von skandinavischen Gletschervorstößen. Die Klimaverschlechterung machte sich auch in der Zusammensetzung de Pflanzen- und Tierwelt bemerkbar.

*Prähistoriker Gabriel de Mortillet (1821–1898).*
*Foto: (via Wikimedia Commons),*
*Lizenz: gemeinfrei (Public domain)*

# Das Protoacheuléen

Die ältesten archäologischen Zeugnisse für die Existenz von Frühmenschen in Deutschland stammen aus dem Protoacheuléen vor etwa 1,2 Millionen bis 600.000 Jahren. In dieser Zeitspanne sind offensichtlich die ersten Jäger und Sammler eingewandert. Der Begriff Protoacheuléen wurde 1985 von dem Marburger Prähistoriker Lutz Fiedler geprägt. Dieser Name besagt, dass es sich um eine Kulturstufe vor dem eigentlichen Acheuléen handelt. Der Ausdruck Acheuléen erinnert an den französischen Fundort Saint-Acheul bei Amiens an der Somme. Er wurde 1869 von dem Prähistoriker Gabriel de Mortillet (1821–1898) aus Saint-Germain bei Paris eingeführt.

Auch während der Zeitdauer des Protoacheuléen kam es in Deutschland zu einem mehrfachen Wechsel von Kalt- und Warmzeiten. In der bereits erwähnten Waal-Warmzeit war das Klima so mild, dass selbst wärmeliebende Bäume wieder wachsen konnten.

In Norddeutschland folgte vor etwa 1,1 Millionen Jahren die Menap-Kaltzeit. An die Stelle der Laubwälder traten in diesem Abschnitt Landschaften, die wahrscheinlich Ähnlichkeit mit gras- und heidereichen Tundren hatten.

Vor etwa 1,07 Millionen Jahren begann in Deutschland das Bavelium (auch Bavelien oder Bavel-Komplex genannt), das bis 990.000 Jahre vor heute dauerte. Sein Name ist vom holländischen Fundort Bavel abgeleitet. Das Bavelium wurde 1983 von dem niederländischen Geologen Waldo H. Zagwijn und dem Palynologen Jan de Jong (beide „Rijksgeologische Dienst" in Haarlem) erstmals beschrieben. Zum Bavel-Komplex gehören die Bavelium-Warmzeit, die Linge-Kaltzeit, die

*Europäischer Jaguar (Panthera onca gombaszoegensis).*
*Zeichnung: Shuhei Tamura, Kanagawa, Japan*

Leerdam-Warmzeit und die Dorst-Kaltzeit, die allesamt nach holländischen Fundorten bezeichnet sind.

Im Bavelium wanderten allmählich wieder Bäume wie die Kiefer *(Pinus)*, Hemlocktanne *(Tsuga)*, Erle *(Alnus)*, Ulme *(Ulmus)*, Eibe *(Taxus)*, Buche *(Carpinus)* und kautschukhaltige Eukommie *(Eucommia)* ein. Auffällig ist der zeitweise sehr hohe Anteil von Hemlocktannen, der – nach pollenanalytischen Untersuchungen zu schließen – manchmal etwa 25 bis 50 Prozent erreicht. Wegen ihres teilweise hohen Prozentsatzes von Hemlocktannen-Pollen könnten unter anderem die Fundstellen Schwanheim im Mainzer Becken und Uhlenberg bei Zusmarshausen westlich von Augsburg in das Bavelium gehören.

Faszinierende Einblicke in die Tierwelt des Bavelium vor etwa einer Million Jahren erlauben die Funde aus dem Flussbett der Ur-Werra bei Untermaßfeld nahe Meiningen in Thüringen. Bei den Ausgrabungen des Weimarer Paläontologen Ralf-Dietrich Kahlke kamen Reste ungewöhnlich vieler Tiere zum Vorschein, die bei Hochwasser ums Leben gekommen waren. In diesem eiszeitlichen Leichenfeld lagen Fossilien vom Flusspferd *(Hippopotamus amphibius antiquus)*, Südelefanten *(Mammuthus meridionalis)*, der Säbelzahnkatze *(Megantereon cultridens adroveri, Homotherium crenatidens)*, vom Europäischem Jaguar *(Panthera onca gombaszoegensis)*, Puma *(Puma pardoides)*, Gepard *(Acinonyx pardinensis pleistocaenicus)*, Luchs *(Lynx issiodorensis)*, der Hyäne *(Pachycrocuta brevirostris)* und vom Makaken oder Magot *(Macaca sylvanus)*.

Die Fundstelle bei Untermaßfeld gilt als die mit Abstand wichtigste und reichhaltigste ihrer Zeitstellung in Europa. Insgesamt wurden mehr als 15.000 Wirbeltierreste (davon etwa 4.000 von Kleinsäugern) von rund 100 Arten geborgen. Darunter befinden sich spektakuläre Entdeckungen. Die Flusspferde aus Untermaßfeld gelten als die größten aller Zei-

*Unterkiefer eines jugendlichen Flusspferdes*
*aus den Mosbach-Sanden bei Mainz-Amöneburg (Stadtkreis Wiesbaden).*
*Foto: Naturhistorisches Museum Mainz*

ten. Weitere Raritäten sind der früheste Jaguar und Gepard aus Deutschland. Zudem entdeckte man bei Untermaßfeld neue Tierarten wie den *Bison menneri*, das Reh *Capreolus cusanoides*, den großen Hirsch *Eucladoceros giulii*, das Wildpferd *Equus wuesti* und den Bären *Ursus rodei*. *Bison menneri* ist mit einer Schulterhöhe von 1,78 Meter der größte Bison aller Zeiten. Der eigenständige Charakter, die Vollständigkeit und die gute Überlieferungsqualität der Untermaßfelder Säugetierfossilien haben Ralf-Dietrich Kahlke bewogen, für die Zeit vor etwa 1,2 Millionen bis 900.000 Jahren den Begriff Epi-Villafranchium vorzuschlagen.

Vor fast einer Million Jahren brachen in der Hohen Eifel, West- und Osteifel immer wieder Vulkane aus. Solche Naturkatastrophen dürften Tiere und vielleicht auch Frühmenschen erschreckt haben. In der Linge-Kaltzeit wandelte sich die Flora. Nun beherrschten klimatisch weniger anspruchsvolle Bäume wie die Kiefer und die Birke *(Betula)* das Bild der Landschaft. In der Leerdam-Warmzeit setzten sich neben der Birke und der Kiefer auch die Ulme, die Eiche *(Quercus)* und die Buche durch. In der Dorst-Kaltzeit dominierten dann wieder niedrige Gräser und Heidepflanzen. Nach dem Bavelien-Komplex gab es in Deutschland keine wärmeliebenden Eukommien, aber auch keine Hemlocktannen mehr.

In die Zeit des Protoacheuléen fällt der Cromer-Komplex, ein Abschnitt des Eiszeitalters vor etwa 800.000 bis 480.000 Jahren. Das Klima im Cromer war nicht einheitlich. Einerseits gab es sehr milde, andererseits aber auch kühle Abschnitte. In Mitteleuropa wird das Comer in vier Warmzeiten und vier Kaltzeiten unterteilt. Die charakteristische Cromer-Forest-Bed-Abfolge bei Cromer in Norfolk (England) wurde 1882 von dem englischen Geologen Clement Reid (1853–1916) beschrieben.

Zeitweilig dürfte das Klima im Cromer so warm gewesen sein wie in der heutigen Kurzgrassavanne Serengeti in Tansania (Afrika). In solchen Phasen schwammen ganze Herden von Flusspferden im Rhein. Im „Naturhistorischen Museum Mainz" ist ein 55 Zentimeter langer Unterkiefer eines jugendlichen Flusspferds aus den Mosbach-Sanden (früher: Mosbacher Sande) bei Mainz-Amöneburg zu bewundern. Die Mosbach-Sande sind nach dem kleinen Ort Mosbach zwischen Wiesbaden und Biebrich benannt, in dessen Bereich schon 1845 erste eiszeitliche Großsäugerreste entdeckt wurden. An Land lebten damals ebenfalls viele Exoten. Dazu gehörten unter anderem Affen, Säbelzahnkatzen, von der Kopf- bis zur Schwanzspitze maximal 3,60 Meter lange, riesige Löwen (Mosbacher Löwe), Europäische Jaguare, Geparden, Hyänen, Südelefanten, Europäische Waldelefanten und Nashörner. Außerdem gab es Hirsche, Rehe, Wildpferde, Bisons, Bären, Wölfe, Luchse, Wildschweine, Biber und Hasen.

Auch im Cromer herrschte im Gebiet der Eifel starker Vulkanismus. Die vulkanischen Auswurfprodukte erweisen sich manchmal als Glücksfall für die Prähistoriker. Da sie gut radiometrisch datierbar sind, kann man mit ihrer Hilfe zuweilen das geologische Alter einer Fundschicht ermitteln. In klimatisch günstigen Abschnitten des Cromer gediehen Eichenmischwälder, in denen neben Eichen auch Eiben und Erlen standen. Seltener waren Haselnusssträucher und Hainbuchen. Während kühlerer Abschnitte breiteten sich Nadelwälder aus, in denen Kiefern dominierten. Birken waren zu Beginn und gegen Ende jeder Warmzeit des Cromer häufig. Zu den Fundstellen mit reichen Tierresten aus dem Cromer in Deutschland zählen unter anderem die Mosbach-Sande im Stadtkreis von Wiesbaden (Hessen), die Mauerer Sande von Mauer bei Heidelberg (Baden-Württemberg), mehrere Orte am

Mittelmain in Unterfranken (Bayern) sowie Voigtstedt (Thüringen). Zu den ältesten Belegen für die Anwesenheit von Frühmenschen in Deutschland gehört ein schätzungsweise eine Million Jahre altes primitives Steinwerkzeug, das in einer Tongrube von Kärlich bei Koblenz im Mittelrheingebiet (Rheinland-Pfalz gefunden wurde. Dabei handelt es sich um einen Rhein-Flusskiesel aus Quarzit, an dem ein Frühmensch mit wenigen Schlägen eine Schneidekante geschaffen hatte. Dieses einfache Werkzeug dürfte dem Protoacheuléen zuzurechnen sein. Der seltene Fund glückte 1982 dem Sammler Konrad Würges aus Kärlich und wurde von dem Kölner Prähistoriker Gerhard Bosinski als Werkzeug bestätigt.

Ins Protoacheuléen datieren kann man vermutlich auch die Steinwerkzeuge von Gondorf in Rheinland-Pfalz. Die Flusskiesel, aus denen diese Werkzeuge zurechtgehauen wurden, stammen aus etwa 1,2 Millionen bis 600.000 Jahre alten Schichten der Mosel. Die Steinwerkzeuge von Gondorf hat 1970 der Marburger Prähistoriker Lutz Fiedler entdeckt. Später trugen der Marburger Archäologiestudent Axel von Berg und der Sammler Horst Klingelhöfer aus Marl an diesem Fundort ganze Kollektionen solcher Werkzeuge zusammen.

Ein Alter von nahezu einer Million Jahren wird außerdem für ein- oder zweiseitig behauene Quarzit-Kiesel von Hünfeld-Großenbach im Kreis Fulda (Hessen) diskutiert. Derart archaische Steinwerkzeuge mit einer einzigen Schneidekante wurden 1979 durch den Sammler Heinrich Leister aus Rothenkirchen entdeckt. Zwischen 700.000 und 600.000 Jahre alt sollen Steinwerkzeuge von Winningen an der Mosel und von Weiler bei Bingen sein. In Winningen wurden 1979 ein Chopper aus Quarzit und 1980 zwei Chopper entdeckt. Entdecker der beiden letzteren war der damalige Marburger

Archäologiestudent Axel von Berg. In Weiler bei Bingen hat der Winzer und Heimatforscher Heinrich Bell (1907–1986) aus Weiler seit 1948 Steinwerkzeuge gesammelt. Nach dem Vorbild von Bell trug später auch der Maurermeister und Heimatforscher Kurt Hochgesand aus Waldalgesheim altsteinzeitliche Artefakte zusammen. Vielleicht haben auch die bereits 1910 im Lindengrund bei Heddesheim nordwestlich von Bad Kreuznach aufgelesenen Steinwerkzeuge ein ähnlich hohes Alter. 1918 entdeckte der Heimatforscher Franz Kilian (1875–1958), Besitzer der Löwenzeiler Mühle und zeitweise Buchhändler in Bad Kreuznach, in der Sandgrube Faust im Lindengrund von Heddesheim einen altsteinzeitlichen Lagerplatz, der von dem Lehrer und späteren Museumsdirektor Karl Geib (1883–1951) aus Bad Kreuznach ausgegraben und beschrieben wurde. Weiler, Winningen und Heddesheim liegen in Rheinland-Pfalz.

Auf mehr als 650 000 Jahre alt werden zwei Faustkeile aus Quarzit geschätzt, die von einem Sammler aus Kiesschichten des Rheins bei Kirchhellen zwischen Bottrop und Dorsten geborgen wurden. Sie sind die bisher ältesten bekannten Funde aus Nordrhein-Westfalen.

Mehr als 600.000 Jahre alt könnten auch einige Geröllgeräte aus dem Rodachtal von Kronach in Oberfranken (Bayern) sein. Die bisher älteste Siedlung Deutschlands wurde bei Miesenheim im Mittelrheingebiet (Rheinland-Pfalz) entdeckt. Man hatte sie vor etwa 680.000 Jahren auf einem Geländesporn, der heute Kalbrichskopf heißt, angelegt. Der Siedlungsplatz Miesenheim I befindet sich am östlichen Ufer der Nette, einem Nebenfluss des Rheins. Auf ihn war 1982 der Sammler Karl Heinz Urmersbach aus Weißenthurm aufmerksam geworden, als er Tierknochen bemerkte, die bei Baggerarbeiten im Gefolge des industriellen Bimsabbaus zum Vorschein kamen. Die Siedlungsreste von Miesenheim wurden nach einem Vulkanausbruch durch einen Basaltlavastrom bedeckt, vor späterer Abtragung und Zerstörung bewahrt und so der Nachwelt erhalten. Der hohe Anteil von Wasserpflanzen am Fundort deutet darauf hin, dass nicht weit davon ein See gelegen haben muss.

Reste irgendeiner Behausung konnte man in Miesenheim nicht nachweisen. Man barg aber eine große Anzahl von Tierknochen, die vom Europäischen Waldelefanten, Nashorn, Wildpferd, Hirsch und Reh stammten. Die meisten Knochen trugen keine Schnitt- oder Schlagspuren. Jedoch deuten typische Brüche von drei Knochenfragmenten eines Rothirschen auf das Zerlegen dieser Jagdbeute durch Frühmenschen hin.

Die Frühmenschen von Miesenheim dürften manchmal vom Jäger zum Gejagten geworden sein, wenn sie großen Raubtieren begegneten. Bei Angriffen von Säbelzahnkatzen, Löwen, Jaguaren, Hyänen, Bären oder Wölfen ließ sich wohl keines der genannten Raubtiere nur mit einem Steinwurf oder Schlagstock vertreiben, wenn es hungrig war. Wahrscheinlich fiel der Frühmensch *Homo erectus* gar nicht so selten Raubtieren zum Opfer.

Die Steinwerkzeuge aus Quarz, Quarzit und Kieselschiefer bestanden aus einfachen Abschlägen. Diese Gesteinsarten kommen in der näheren Umgebung von Miesenheim vor. Die Frühmenschen benutzten als Rohmaterial für ihre Werkzeuge nur Gesteine, die sie nicht weit transportieren mussten. Beim Weiterziehen ließ man die Steinwerkzeuge liegen und fertigte andernorts neue an.

Die Siedlung von Miesenheim wurde zunächst von dem Kölner Prähistoriker Bosinski auf etwa 350.000 Jahre geschätzt, was der Holstein-Warmzeit entspricht. Später musste diese Ansicht korrigiert werden, weil die vulkanischen Ablagerungen über der Hauptfundschicht von Miesenheim von dem Bochumer

*Unterkiefer des Heidelberg-Menschen
von Mauer bei Heidelberg.*
*Foto: Gerbil / CC-BY-3.0 (via Wikimedia Commons),
lizensiert unter Creative-Commons-Lizenz by-3.0-de,
https://creativecommons.org/licenses/by/3.0/legalcode*

Vulkanologen Paul van der Boogard mit modernen natur-
wissenschaftlichen Methoden auf etwa 680.000 Jahre datiert
worden waren. Dies wurde im März 1988 bei einem
internationalen Kolloquium in Andernach über die ältesten
Siedlungen Europas bekannt.
Als eindrucksvollster Hinweis für die Anwesenheit von Frühmenschen in Deutschland gilt der in einer Sandgrube von
Mauer bei Heidelberg (Baden-Württemberg) entdeckte
mächtige Unterkiefer mitsamt Zähnen. Wenn sein durch
radiometrische Datierungsmethoden ermitteltes Alter von etwa
630 000 Jahren zutrifft, hat dieser *Homo erectus* vermutlich in
der Warmzeit Cromer II gelebt, die dem Ende des Protoacheuléen entspricht. In der Vergangenheit sind die Altersangaben für diesen berühmten Fund mehrfach korrigiert worden.
Bevor man 1982 die auf etwa 1,2 Millionen Jahre datierten
umstrittenen Schädelreste des Mannes von Orce in Spanien
entdeckte, die später einem Esel oder Wildpferd zugeschrieben
werden, galt der Heidelberg-Mensch von Mauer als der älteste
Europäer.
Der Fundort in Mauer liegt im Bereich einer ehemaligen Schleife
des eiszeitlichen Neckars, die von Neckargemünd bis Mauer
reichte. Der Fluss hatte in diesem Abschnitt Sand, Kies, Reste
toter Tiere und auch den Unterkiefer jenes Frühmenschen
transportiert und abgelagert. Sehr weit dürfte er den Unterkiefer nicht mitgerissen haben, weil dieser keine Abrollspuren
erkennen lässt. Unterkiefer sind ziemlich sperrig und verhaken
sich relativ leicht beim Transport im Wasser, gelangen in den
Untergrund, werden mit Ablagerungen überdeckt und dadurch
erhalten. Als der Neckar später seinen Lauf änderte fiel die
Fundstelle trocken.
Wie der Unterkiefer in den Neckar geraten ist, weiß man nicht.
Vielleicht stammte er von einem Frühmenschen, der an den

*Heidelberg-Mensch vor etwa 600.000 Jahren.*
*Zeichnung: Fritz Wendler (1941–1995)*
*für das Buch „Deutschland in der Steinzeit" (1991)*
*von Ernst Probst*

Folgen einer Krankheit am Ufer starb? Danach war womöglich
der Leichnam verwest, der Unterkiefer auf natürliche Weise
vom Skelett gelöst und durch Hochwasser oder Raubtiere in
den Fluss gelangt. Denkbar ist aber auch ein Unglücksfall beim
Überqueren des Neckars, wobei dieser Frühmensch ertrank.
Vielleicht haben aber auch Zeitgenossen nach seinem Tode den
Schädel vom Körper getrennt – wie es oftmals in der
Altsteinzeit geschah – und ins Wasser geworfen?
Der Unterkiefer des Heidelberg-Menschen zeigt, dass dieser
kein Kinn besaß. Er ist mit 12,5 Zentimetern länger als die
Unterkiefer heutiger Menschen. Im Verhältnis zur Höhe von
6,8 Zentimetern wirkt er mit 14 Zentimetern auffallend breit.
Die Form des aufsteigenden Astes deutet auf kräftige
Kaumuskeln hin. Die Größe und Robustheit des Unterkiefers
sprechen für einen Mann.
Da die Schneidezähne und die Backenzähne stark abgekaut
sind, die Weisheitszähne dagegen kaum Abnutzungsspuren
aufweisen, schätzt man das Sterbealter des Heidelberg-Menschen auf etwa 20 bis 25 Jahre. Die Schneide- und Eckzähne
waren länger als bei jetzigen Menschen, die Backenzähne
jedoch nicht wesentlich größer. Der Zahnbogen besitzt also
keine Lücken für etwaige über die Zahnreihe im Oberkiefer
hinausragende Reißzähne wie bei den Menschenaffen. Die
Gestalt des Unterkiefers von Mauer liefert einen Hinweis
dafür, dass der Heidelberg-Mensch noch nicht so artikuliert
sprechen konnte wie die Menschen der Gegenwart. Vor allem
die Bildung von verschiedenen Konsonanten – wie beispielsweise H, L, R, S und Z – war bei der flachen und wei-
ten Führung der Luft im Mund nicht möglich. Bei der
Aussprache von Konsonanten muss nämlich die ausströ-
mende Atemluft während einer gewissen Zeit gehemmt oder
eingeengt werden.

Nach Untersuchungen des französischen Zahnarztes Pierre François Puech aus Nîmes hat der Heidelberg-Mensch nicht nur Fleisch, sondern auch pflanzliche Nahrung gegessen. Er las dies an den Kratzern auf den seitlichen Oberflächen der Zähne ab, die typische Muster für die eine wie für die andere Art der Ernährung zeigen. Auffällige Kratzer an den Außenflächen der Schneidezähne verraten, wie der Heidelberg-Mensch rohes Fleisch verzehrte. Er biss hinein und trennte das Fleisch dann mit einem scharfen Steinsplitter ab, wie es heute noch die Eskimos praktizieren.

Der Tübinger Anthropologe Alfred Czarnetzki (1937–2013) stellte am Gebiss des Unterkiefers von Mauer Spuren von Paradontitis fest. Durch diese Zahnbetterkrankung war aber noch kein Zahn ausgefallen. Heute fehlen lediglich zwei Backenzahnkronen, die nach dem Zweiten Weltkrieg verloren gingen, als Plünderer den in ein Bergwerk ausgelagerten Unterkiefer achtlos wegwarfen. Der Heidelberg-Mensch litt außerdem an einer schmerzhaften Arthritis der Kiefergelenke, die durch eine Infektion oder Fehlbelastung beim Kauen entstanden sein konnte. Darauf deuten die abgeflachten Gelenkfortsätze hin.

Den Unterkiefer des Heidelberg-Menschen hat der Sandgrubenarbeiter Daniel Hartmann (1854–1952) aus Mauer am 21. Oktober 1907 entdeckt. Er grub in der Sandgrube Rösch im Gewann Grafenrain auf der Gemarkung Mauer nach Sand, als er zufällig auf den Unterkiefer stieß. Vielleicht traf er diesen dabei hart mit seiner Schaufel, denn der Knochen brach entzwei als er davon herunterglitt.

Über den Unterkieferfund wurde noch am Entdeckungstag der Heidelberger Paläontologe Otto Schoetensack (1850–1912) per Telegramm informiert. Er war in Mauer bekannt, weil er dort häufig Knochenreste untersuchte, die von Sandgrubenarbeitern geborgen wurden. Dabei bat er den Sandgrubenbesitzer und die Arbeiter immer wieder, auf außergewöhnliche Funde zu achten und sie ihm zu melden. Schoetensack fuhr mit der Bahn nach Mauer, um den Unterkiefer abzuholen. Er ließ das Fossil, auf dem sich noch ein Kalksteingeröll befand, präparieren, untersuchte es und beschrieb 1908 den Fund als *Homo heidelbergensis*, obwohl er in Mauer geborgen worden war. Zeitweise wurde der Unterkiefer des Heidelberg-Menschen als *Homo erectus heidelbergensis* bezeichnet – also als eine Unterart des Frühmenschen *Homo erectus*.

Am Fundort des berühmten Heidelberg-Menschen von Mauer konnten bisher keine Steinwerkzeuge aus dem Protoacheuléen entdeckt werden. Die von dem Ahrensburger Prähistoriker Alfred Rust (1900–1983) in Mauer entdeckten Hackgeräte (Choppers) sind – wie sich später herausstellte – auf natürliche Weise entstanden und nicht von Heidelberg-Menschen zugeschlagen worden. Daher hat der 1956 von Rust geprägte Begriff „Heidelberger Kultur" keine Gültigkeit.

Sehr umstritten sind auffällig geformte Knochen vom Wildpferd, Wisent und Elefanten, die 1929, 1931 und 1936 in mehr als 600.000 Jahre alten Ablagerungen der Mosbach-Sande bei Mainz-Amöneburg (heute: Stadtkreis Wiesbaden) gefunden wurden. Der Mainzer Zoologe Otto Schmidtgen (1879–1938) glaubte, die von ihm entdeckten auffälligen Knochen seien durch Abschlagen und Abschleifen von Teilen zu Artefakten umgearbeitet worden. Er deutete diese umstrittenen Funde als Dolch, Messer, Glätter, Stichel, Bohrer und Schaber. Schmidtgen war zwischen 1914 und 1938 Direktor des „Naturhistorischen Museums Mainz" und wurde 1917 zum Professor ernannt. 1929 und 1931 berichtete er im „Jahrbuch des Nassauischen Vereins für Naturkunde" sowie 1930 in einer Festschrift über Knochenartefakte aus dem Mosbacher Sand.

*Umstrittene Knochenwerkzeuge*
*von einer mehr als 600.000 Jahre alten Fundstelle*
*im Stadtkreis Wiesbaden.*
*Foto: Naturhistorisches Museum Mainz*

1931 schrieb er, schon immer sei die Annahme berechtigt gewesen, dass der *Homo heidelbergensis* auch „bei uns" (gemeint sind die Mosbach-Sande von Wiesbaden) gelebt habe. Die Entfernung der beiden Fundstellen (nämlich Mosbach-Sande und Mauerer Sande) sei nicht sehr groß. Der Wildreichtum am Taunusabhang und im breiten Rheintal sei, wie die Funde zeigten, wohl größer als dort, wo der Unterkiefer des Heidelberg-Menschen zum Vorschein gekommen war. Es wäre geradezu ein Wunder, wenn die Jäger ihre Jagdzüge nicht auch bis hierher ausgedehnt hätten. Die Originalfunde der im „Naturhistorischen Museum Mainz" aufbewahrten mutmaßlichen Knochenwerkzeuge wurden im Zweiten Weltkrieg (1939–1945) zerstört. Aber es sind noch Abgüsse davon vorhanden. Im Buch „Deutschland in der Urzeit" (1986) von Ernst Probst sind zwei dieser Abgüsse abgebildet. Der größere davon ist ein etwa 20 Zentimeter langer Wildpferdknochen mit dem Aussehen eines Dolches.

Hinweise dafür, dass sich vor etlichen hunderttausend Jahren im Wiesbadener Nachbarort Mainz bereits Frühmenschen aufgehalten haben, gab der Mainzer Arzt und Hobby-Präöhistoriker Dr. med. Christian Humburg. Er berichtete über Artefakte aus Quarzit und Kalkstein, die bei umfangreichen Baumaßnahmen zwischen 1982 und 1993 in eiszeitlichen Flussschottern von Mainz-Weisenau zum Vorschein gekommen waren. Besonders bemerkenswert war ein Quarzitgerät mit gepickten Grübchen. Manche der Artefakte könnten so alt wie die Mosbach-Sande sein, glaubt Humburg, der vermutet, in Weisenau sei ein mehrzeitig belegter Siedlungsplatz des *Homo erectus* entdeckt worden. Als das Vorkommen dieser Artefakte der zuständigen archäologischen Denkmalpflege bekannt gegeben wurde, verwies man dies in den Bereich der „unmaßgeblichen Phantasie des Entdeckers".

*Prähistoriker Hugo Obermaier (1877–1946).*
*Foto: Aufnahme von 1924*

# Das Altacheuléen

Das Altacheuléen vor etwa 600.000 bis 350.000 Jahren ist der
älteste Abschnitt des nach einem französischen Fundort benannten Acheuléen. Aus dieser Kulturstufe kennt man in
Deutschland einige Schädelreste von Frühmenschen, Siedlungsspuren, Jagdbeutereste und Steinwerkzeuge. Der Begriff
Altacheuléen wurde 1924 von dem damals in Spanien tätigen
Prähistoriker Hugo Obermaier (1877–1946) vorgeschlagen.
Der größte Teil des Altacheuléen fiel in die Warmzeit Cromer
III vor weniger als 600.000 Jahren, eine darauffolgende Kaltzeit
und in die Warmzeit Cromer IV vor etwa 500.000 Jahren. Es
gab weiterhin stattliche Riesenlöwen, riesige Elefanten, massige
Nashörner und große Herden von Wildpferden. In den Warmzeiten konnten sich wärmeorientierte Europäische Waldele-
fanten *(Paleoloxondon antiquus)* behaupten, die in den Kalt-zeiten
von den ein kühleres Klima vertragenden Steppenmam-muten
*(Mammuthus trogontherii)* abgelöst wurden. Bullen der Europäischen Waldelefanten erreichten eine Höhe bis zu 4,20 Metern
In Süddeutschland rechnet man die Zeit vor mehr als 500.000
Jahren der Günz-Eiszeit zu. Die Günz-Eiszeit wurde 1909 von
dem Berliner Geographen Albrecht Penck (1858–1945) und
dem damals in Wien wirkenden deutschen Geographen Eduard
Brückner (1862–1927) beschrieben. Sie wurde nach Funden
im Iller-Lech-Gebiet – und hier vor allem im Bereich des Flusses
Günz – definiert. Im Günz erreichten die Gletscher des
Salzachgebietes und des österreichischen Traungletscher-
gebietes ihre größte Ausdehnung.
Nach der Günz-Eiszeit gab es im Alpenvorland die Haslach-
Eiszeit. Der Begriff Haslach-Eiszeit wurde 1981 von den Geologen Albert Schreiner aus Freiburg und Rudolf Ebel aus

Arnach vorgeschlagen. Ihr Name erinnert an Gletscherablagerungen im Gebiet von Haslach bei Leutkirch in Oberschwaben.

Vor etwa 400.000 Jahren folgte in Norddeutschland die nach einem Nebenfluss der Saale benannte Elster-Eiszeit. Der Name Elster-Eiszeit wurde 1909 von dem Berliner Geologen Konrad Keilhack (1858–1944) geprägt. Während dieser Eiszeit drangen erstmals skandinavische Gletscher nach Süden bis Sachsen (Dresden), Thüringen (Erfurt) und Nordrhein-Westfalen (Soest, Recklinghausen) vor. Der Gletschervorstoß verwandelte weite Gebiete in Eiswüsten, in denen kein Leben möglich war.

Die Klimaverschlechterung der Elster-Eiszeit hatte auch im Vorfeld des Eises spürbare Folgen. Statt der Wälder mit klimatisch anspruchsvollen Bäumen machten sich allmählich Tundren und Steppen breit. Im Laufe der Elster-Eiszeit wanderten extreme Kälte vertragende nordostsibirische Tierarten – wie Fellnashörner mit einer Kopf-Rumpf-Länge bis zu 3,60 Meter, Moschusochsen und Rentiere – in die nicht vergletscherten Gebiete Deutschlands ein. Sie lebten zunächst noch mit den wärmeorientierten Europäischen Waldelefanten und Waldnashörnern zusammen, doch auf Dauer konnten sich die letzteren nicht behaupten. Statt der Europäischen Waldelefanten weideten in den Grassteppen nun bis zu 4,70 Meter hohe Steppenmammute, die als Vorläufer der späteren Mammute gelten.

Tierreste aus der frühen Elster-Eiszeit kennt man aus Süßenborn bei Weimar in Thüringen. Die forschungsgeschichtlich ältesten Funde liegen in der geologisch-paläontologischen Sammlung Goethes und werden im „Goethe-Nationalmuseum Weimar" aufbewahrt. Der Hauptteil des Materials befindet sich dagegen im „Institut für Quartärpaläontologie Weimar". In Süßenborn wurden Reste von Wildrind, Hirsch, Wildschwein,

Wildpferd, Nashorn, Elefant, Bär, Marder, Wolf, der Hyäne und vom Löwen geborgen.

Als sich das Klima erwärmte, schmolzen die Gletscher in Nord- und Nordostdeutschland. In das Nordseebecken flossen eiskalte Schmelzwässer, die fast kein Leben zuließen. Die kälteorientierten Steppenmammute, Fellnashörner, Moschusochsen und Rentiere zogen der innerhalb von Jahrtausenden nach Nordosten zurückweichenden Gletscherfront nach, dafür kehrten wärmeorientierte Tiere aus Südosteuropa zurück.

Etwa zur gleichen Zeit wie die Elster-Eiszeit in Norddeutschland herrschte vermutlich die nach einem rechten Nebenfluss der Donau bezeichnete Mindel-Eiszeit in Süddeutschland. Der Ausdruck Mindel-Eiszeit wurde 1909 von Albrecht Penck und Eduard Brückner vorgeschlagen. Während dieser Eiszeit stießen der Rheingletscher, Illergletscher, Lechgletscher, Isar-Loisach-Gletscher und Inn-Chiemsee-Gletscher weit in das Alpenvorland vor. Das Eis reichte bis Biberach an der Riß, Ottobeuren, Mindelheim, Fürstenfeldbruck, Erding, Mühldorf am Inn und Burghausen an der Salzach. Im Vorfeld der süddeutschen Gletscher entsprachen die Verhältnisse in der Pflanzen- und Tierwelt denjenigen in Norddeutschland.

Die bisher älteste Siedlung von Frühmenschen aus der Zeit des Altacheuléen wurde in Kärlich (Kreis Mayen-Koblenz) in Rheinland-Pfalz entdeckt. Sie bestand – nach der Datierung vulkanischer Ablagerungen unter der Fundschicht – vor etwa 440.000 Jahren. Bis 1988 hatte der Kölner Prähistoriker Gerhard Bosinski diese Siedlungsreste noch für schätzungsweise 250.000 Jahre alt gehalten. Die Kärlicher Siedlung hatte einst inmitten eines nicht mehr aktiven Vulkans gelegen. Sie befand sich am Ufer eines kleinen Gewässers, das später austrocknete. In den ehemals feuchten Uferablagerungen barg man neben Resten von Wasserpflanzen auch viele Holzbruchstücke, die vielleicht Teile einer größeren Behausung waren.

Gefunden wurden in Kärlich auch große Schaber, Spaltkeile und Faustkeile. Als Rohmaterial hierfür dienten Quarz und Quarzit, wie sie in Schottern des nahen Rheins reichlich vorkommen. Alle größeren Steine innerhalb der Siedlungsfläche wurden vermutlich von Frühmenschen auf den Platz getragen. Ein 15 Kilogramm schweres Quarzitgeröll verwendete man – nach den Abnutzungsspuren zu schließen – als Amboss. Der Werkzeugcharakter der Kärlicher Funde ist oft unklar, weil auch viele bei Vulkanausbrüchen zerschlagene Steine vorhanden sind.

Die Entdeckung der Kärlicher Siedlung ist dem Sammler Konrad Würges aus Kärlich zu verdanken. Er hatte im Spätsommer 1980 bei der Besichtigung neuerschlossener Schichten in einer Tongrube im Baggerschutt einen Faustkeil aus Quarzit gefunden und dies dem Kölner Prähistoriker Bosinski mitgeteilt, der dann seit 1982 in Kärlich Ausgrabungen durchführte.

Die Frühmenschen von Kärlich brachten – wie zerschlagene Knochen aus der Siedlungsschicht zeigen – Wildpferde, Wildrinder und Wildschweine zur Strecke. Ob man auch den rund zwei Meter langen Stoßzahnrest eines Europäischen Waldelefanten als Jagdbeute betrachten kann, ist ungewiss. Unzählige Haselnussschalen deuten darauf hin, dass die Bewohner dieser Siedlung nicht nur Jäger, sondern auch Sammler gewesen sind.

Zu den ältesten Steinwerkzeugen aus dem Altacheuléen in Deutschland gehören die im Oktober 1952 von dem ehemaligen Gießener Museumsdirektor Herbert Krüger (1902–1996) in Münzenberg (Hessen) gefundenen Geräte. Sie werden auf mindestens 500.000 Jahre datiert. Neben primitiven Hackgeräten

(Chopper) barg er auch besser zugeschlagene Stücke mit längeren Schneiden (Cleaver) und Übergangsformen zu einfacher Faustkeilen (Protofaustkeile). Kurz darauf – im November 1952 – las der Sammler Otto Bommersheim aus Bettenhausen auf einem Acker von Treis-Münzenberg ein vielleicht ähnlich altes Geröllgerät (Pebble-tool) auf.

Der bereits erwähnte Mainzer Museumsdirektor und Zoologe Otto Schmidtgen, der in den 1930er Jahren in den Mosbach-Sanden von Amöneburg umstrittene Knochenwerkzeuge fand, war nicht der Einzige, der nach Hinterlassenschaften von Frühmenschen in Wiesbaden intensiv Ausschau hielt. Zwischen 1949 und 1954 überließ der Wiesbadener Privatsammler Otto R. Schweitzer der „Sammlung Nassauischer Altertümer" Hunderte von vermeintlichen Artefakten aus der Altsteinzeit, die er in der Umgebung seines Wohnortes geborgen hatte. Er suchte und sammelte vor allem in der Dyckerhoff-Grube „Am Hambusch", in der Ziegelei Hessemer an der Frankfurter Straße, am quarzreichen Hainerberg, in den Walddistrikten „Himmelsöhr" und „Rabengrund" sowie in Baugruben. Die von ihm für Werkzeuge gehaltenen Funde bestehen aus einheimischen Steinarten, vor allem aus Quarzit. Auffällig ist der hohe Anteil an Typen, die wie Faustkeile wirken.

Der Prähistoriker Karl Josef Narr (1921–2009) aus Münster/Westfalen verglich 1954 die Funde von Schweitzer nach einer ersten Untersuchung mit Typen aus den Kulturstufen Acheuléen und Moustérien. Die Diskussion über diese umstrittenen Artefakte wurde 1969 durch den Wiesbadener Archäologen Heinz-Eberhard Mandera (1922–1995) bei der 13. Tagung der „Hugo-Obermaier-Gesellschaft" in Bad Kreuznach neu entfacht. Am Ende waren die Zweifler an der Echtheit der Artefakte in der Überzahl. Doch im Tagungsbericht hieß es, dieser Fundkomplex könne nicht einfach als Fälschung abgetan werden. Letzte Klarheit könnten nur Grabungen an den von Schweitzer bevorzugten Fundplätzen bringen. Man muss es mit aller Deutlichkeit sagen: Selbst wenn alle von dem Wiesbadener Sammler Otto R. Schweitzer für Artefakte gehaltenen Funde nur fehlgedeutete Naturprodukte sein sollten, so war sein Einsatz im Dienste der Archäologie doch lobenswert! Bei den seit 1952 durch den Ahrensburger Prähistoriker Alfred Rust auf der Nordseeinsel Sylt zusammengetragenen Funden handelt es sich um keine von Menschenhand bearbeitete Quarzitsteine, sondern um Naturprodukte. Trotzdem darf man davon ausgehen, dass Norddeutschland während der Warmzeiten Cromer III und IV von Frühmenschen besiedelt war. Allerdings kann man Hinterlassenschaften aus diesen Abschnitten in dem später von Gletschervorstößen betroffenen Gebiet nicht mehr nachweisen. Denn dort wurde die alte Landoberfläche durch das Gletschereis abgetragen oder durch mächtige Gletscherablagerungen bedeckt. Dies gilt auch für die von Gletschervorstößen heimgesuchten Teile Nordrhein-Westfalens und Süddeutschlands.

Frühmenschen der Art *Homo erectus* machten sich auch selbst das Leben schwer. Dies beweist der älteste durch einen archäologischen Fund belegte Mord vor etwa 430.000 Jahren in der spanischen Sierra de Atapuerca. In der „Knochengrube" („Sima de los Huesos") lag unter mehr als 1.000 menschlichen Schädelfragmenten ein Schädel („Cranium 17") mit zwei nahezu rechteckigen Löchern im Stirnbein. Diese Frakturen stammen von tödlichen Hieben. Nachzulesen ist dies im Begleitheft zur Sonderausstellung „Krieg. Eine archäologische Spurensuche") vom 6. November 2015 bis 22. Mai 2016 im „Landesmuseum für Vorgeschichte Halle".

Spätestens vor etwa 400.000 Jahren brachten Jägertrupps von *Homo erectus*-Frühmenschen mit Holzlanzen bereits große

Europäische Waldelefanten zur Strecke. Sie erlegten auch Nashörner, Wildpferde, Wildschweine, Biber, seltener Löwen und Bären. Acht Wurfspeere, die zwischen 1994 und 1998 bei Ausgrabungen im Braunkohlen-Tagebau Schöningen (Kreis Helmstedt) in Niedersachsen unter Leitung des Archäologen Hartmut Thieme gefunden wurden, sollen zwischen 337.000 und 300.000 Jahren alt sein. Dies ergab 2015 eine Thermolumineszenz-Datierung durch Daniel Richter und Matthias Krbetschek. Zunächst hieß es, diese Speere seien rund 400.000 Jahre alt. Später ergab eine andere Datierung ein Alter von etwa 270.000 Jahren. Die Schöninger Speere gelten als die ältesten vollständig erhaltenen Jagdwaffen der Welt. Sie werden im Museum „paläon" nahe des Fundortes in Schöningen aufbewahrt.

Spuren menschlicher Anwesenheit in der auf den Cromer Komplex seit etwa 400.000 Jahren folgenden norddeutschen Elster-Eiszeit bzw. der damit zeitgleichen Mindel-Eiszeit sind bisher in Deutschland sehr selten. Offenbar fanden die Frühmenschen infolge der Klimaverschlechterung selbst in den eisfreien Gebieten keine günstigen Lebensbedingungen mehr vor Zu den spärlichen Funden aus der drittletzten Eiszeit gehören drei Quarzitwerkzeuge aus der Fundschicht D 1 von Mönchengladbach-Rheindahlen, die 1977 von dem Prähistoriker Hartmut Thieme aus Hannover entdeckt wurden. In dieselbe Eiszeit wird auch ein ortsfremdes Gangquarzitstück aus der Fundschicht D von Mönchengladbach-Rheindahlen eingeordnet Dieses fast 30 Zentimeter lange, etwa acht Zentimeter Durchmesser erreichende und 2,5 Kilogramm schwere Gestein kann nur durch einen Frühmenschen herbeigeschafft worden sein.

Der damalige ehrenamtliche Leiter des Städtischen Museums von Mönchengladbach und Lehrer an der Städtischen

Realschule, Heinrich Brockmeier (1857–1941), sowie der Essener Geologe und Museumsdirektor Ernst Kahrs (1876–1948) haben die ersten Funde in der Ziegeleigrube Dreesen entdeckt. Im September 1949 nahm der Doktorand Karl Josef Narr aus Bonn eine erste Untersuchung vor. In den folgenden Jahren sammelte der Grubenbesitzer Karl Dreesen (1922–1980) aus Mönchengladbach-Rhein dahlen zahlreiche Artefakte. Ab Oktober 1964 grub das „Institut für Ur- und Frühgeschichte Köln" in Mönchengladbach-Rheindahlen.

Gegen Ende des Altacheuléen sind manche Gebiete Deutschlands offenbar wieder stärker besiedelt worden. Aus dieser Zeitspanne vor mehr als 350.000 Jahren stammen die Faustkeile Schaber und Cleaver aus Quarzit, die in Schwalmtal-Rainrod, Oberaula-Hausen und Schwalmtal-Ziegenhain (Fundstelle „Reutersruh") in Hessen gefunden wurden. An all dieser Fundorten gibt es reiche Quarzitvorkommen, die über Jahrtausende hinweg immer wieder Steinschläger anlockten. Ihr stark vermischter Schlagschutt mit Abfällen aus verschiedenen Zeiten lässt sich nicht leicht bestimmen.

In Schwalmtal-Rainrod hat der Kaufmann und Amateur-Archäologe Hermann Schlemmer aus Alsfeld seit 1975 Steinwerkzeuge zusammengetragen. Die Fundstelle Oberaula-Hausen wurde 1940 erstmals von dem Lehrer und Heimatforscher Adolf Luttrop (1896–1984) aus Steina aufgesucht und von ihm wiederholt bis Ende der 1960er Jahre abgesammelt. Luttrop glückte bereits 1938 die Entdeckung der Fundstelle „Reutersruh" bei Schwalmtal-Ziegenhain am Rand des Schwalmtales. Ihm waren im Auffüllmaterial für einen Weg vor seinem Haus einige Artefakte aufgefallen, die aus einer Sandgrube von der „Reutersruh" stammten. Er machte die Fundstelle ausfindig und sammelte dort Steinwerkzeuge. 1952 nahm der Marburger Prähistoriker Otto Uenze (1905–1962) an der „Reutersruh" eine Grabung vor. 1966 wurde der Fundplatz durch das „Institut für Ur- und Frühgeschichte" der „Universität Köln" untersucht.

Im Buch „Deutschland in der Steinzeit" (1991) von Ernst Probst wurden die aufsehenerregenden Funde von Frühmenschen aus Bilzingsleben in Thüringen als fast 300.000 Jahre alt bezeichnet und dem Jungacheuléen zugeordnet. Doch inzwischen gelten die 28 Schädelreste, ein rechter Unterkieferast und neun einzelne Zähne von dieser berühmten Fundstelle als etwa 400.000 Jahre alt und müssen somit dem Altacheuléen zugerechnet werden. Die Entdeckungsgeschichte begann damit, dass der Prähistoriker Dietrich Mania aus Halle/Saale im Oktober 1972 bei einer gezielten Ausgrabung in Bilzingsleben das Hinterhaupt eines Menschen barg. Er erkannte die Bedeutung dieses sensationellen Fundes jedoch erst bei der Präparation am 17. April 1974. Die Frühmenschenreste von Bilzingsleben ähneln auffällig dem weit älteren Schädel des *Homo erectus* aus der Olduvai-Schlucht in Tansania, aber auch den Funden von Vertesszöllös in Ungarn, Choukoutien in China sowie auf Java.

Die Funde von Vertesszöllös (vier Zahnfragmente eines Kindes, das Hinterhaupt eines Erwachsenen) wurden 1965 von dem ungarischen Prähistoriker László Vértes (1914–1968) aus Budapest entdeckt. Er gab dem Hinterhauptsbein den Namen *Homo erectus palaeohungaricus*.

In der Höhle von Choukoutien wurden von 1927 bis 1939 Überreste etwa 40 Frühmenschen geborgen, deren Alter zwischen 400.000 und 780.000 Jahren liegen soll. Sie werden als *Homo erectus pekinensis* bezeichnet. Dieser Begriff geht auf den kanadischen Anatomen Davidson Black (1884–1934) zurück, der damals am „Peking Union Medical College" wirkte und in Choukoutien großangelegte Ausgrabungen vornehmen

*Lager von Frühmenschen in Bilzingsleben (Thüringen)*
*vor etwa 400.000 Jahren.*
*Zeichnung: Fritz Wendler (1941–1995)*
*für das Buch „Deutschland in der Steinzeit" (1991)*
*von Ernst Probst*

ließ. Der schwedische Anthropologe Birger Bohlin entdeckte 1927 den ersten menschlichen Überrest in Choukoutien, einen Backenzahn, den Black dem *Sinanthropus pekinensis* zurechnete (heute: *Homo erectus pekinensis*). Der chinesischen Anthropologe Pei Wen-chung (1904–1982), nach anderer Transliteration auch Pei Wen-zhong, fand den ersten Hirnschädel. Danach kamen weitere Skelettreste zum Vorschein. Diese Überreste des Peking-Menschen gingen 1941 in Chingwantao verloren, als es von den Japanern erobert wurde.

Auf Java haben der holländische Militärarzt Eugène Dubois (1858–1940) in den Jahren 1891/1892 sowie der in Deutschland geborene holländische Paláontologe Gustav Heinrich Ralph von Koenigswald (1902–1982) Überreste von Frühmenschen entdeckt.

Die Hirnschädelreste von Bilzingsleben lassen erkennen, dass der Frühmensch, von dem sie stammen, einen langgestreckten, flachen Schädel hatte. Auffällig daran sind die niedrige, fliehende Stirn, der mächtige Knochenwulst über den Augen, das abgewinkelte Hinterhaupt, die starke Nackenmuskulatur und die kräftige Kaumuskulatur an den Schädelseiten. Der Prager Anthropologe Emanuel Vlcek (1925–2006) beschrieb 1978 die Schädelreste aus Bilzingsleben als *Homo erectus bilzingslebensis*.

Vielleicht handelt es sich auch bei dem bereits 1818 im Travertin von Bilzingsleben entdeckten Menschenschädel um einen Frühmenschen der Art *Homo erectus*. Leider lässt sich dies nicht mehr nachprüfen, da der 1820 von Ernst Friedrich von Schlotheim (1764–1822) erwähnte Fund verschollen ist.

1986 meldete der Tübinger Anthropologe Alfred Czarnetzki (1937–2013) einen weiteren Fund des Frühmenschen *Homo erectus* aus Deutschland: den hinteren Teil eines Schädels aus einer Kiesgrube in Reilingen bei Schwetzingen in Baden-

Württemberg. Der Fundort liegt im Bereich einer ehemaligen Schlinge des eiszeitlichen Rheins. Der Schädelrest war im Mai 1978 von dem Baggerarbeiter Helmut Dautel aus Reilingen auf dem Förderband der Kiesgrube entdeckt worden. Er wurde dem „Staatlichen Museum für Naturkunde Stuttgart" übergeben. Dort zeigte 1984 der Stuttgarter Paläontologe Karl Dietrich Adam (1921–2012) dem Anthropologen Czarnetzki die bis dahin nicht genauer untersuchten Schädelreste und überließ sie ihm großzügigerweise zur wissenschaftlichen Untersuchung. Czarnetzki stellte an den Schädelresten am Übergang vom Hinterhaupt zum Nackenmuskelfeld einen markanten Knick von etwa 109 Grad fest, der als typisches Merkmal des Frühmenschen *Homo erectus* gilt. 1991 schlug er für diesen Frühmenschen erstmals den Namen *Homo erectus reilingensis* vor. Das hohe geologische Alter dieses Fundes von schätzungsweise 300.000 Jahren wurde jedoch zunächst von dem Stuttgarter Paläontologen Karl Dietrich Adam und später auch von dem Berliner Anthropologen Lothar Schott bezweifelt. 2019 schwankten die Altersangaben für den Reilinger Schädelrest zwischen 125.000 und 385.000 Jahren.

Etwa 440.000 Jahre alt ist – nach der Datierung vulkanischer Ablagerungen unter der Fundschicht zu schließen – eine Siedlung von Frühmenschen aus dem Altacheuléen in Kärlich (Kreis Mayen-Koblenz) in Rheinland-Pfalz. Diese Siedlung hatte einst inmitten eines nicht mehr aktiven Vulkans gelegen. Sie befand sich am Ufer eines kleinen Gewässers, das später austrocknete. In den ehemals feuchten Uferablagerungen barg man neben Resten von Wasserpflanzen auch viele Holzbruchstücke, die vielleicht Teile einer größeren Behausung waren. Gefunden wurden in Kärlich auch große Schaber, Spaltkeile und Faustkeile. Als Rohmaterial hierfür dienten Quarz und Quarzit, wie sie in Schottern des nahen Rheins reichlich vorkommen. Ein 15 Kilogramm schweres Quarzitgeröll verwendete man – nach den Abnutzungsspuren zu schließen – als Amboss. Die Frühmenschen von Kärlich brachten – wie zerschlagene Knochen aus der Siedlungsschicht zeigen – Wildpferde, Wildrinder und Wildschweine zur Strecke.

Als bisher bedeutendste Siedlungsspuren aus dem Altacheuléen in Deutschland gelten diejenigen von Bilzingsleben im Wippertal in Thüringen. Sie stammen aus der Zeit vor etwa 400.000 Jahren. Ovale und kreisförmige Grundrisse mit drei bis vier Meter Durchmesser aus angehäuften großen Knochen und Steinen zeugen von Hütten. Holzkohle sowie brandrissige Gerölle und Steinplatten belegen Feuerstellen, die teilweise vor den Behausungen lagen. Es sind die ältesten Feuerspuren in Deutschland. Die Bilzingslebener Siedlung lag an der Uferpartie eines etwa 400 mal 300 Meter großen Sees, in den ein Bach mündete. Die Ehre, diese aufschlussreiche Siedlung entdeckt zu haben, gebührt dem erwähnten Prähistoriker Mania. Er hatte am 20. August 1969 – damals noch Aspirant am Geologisch-Paläontologischen Institut der Universität Halle/Saale – in einem Travertinsteinbruch Abfallsplitter aus Feuerstein entdeckt, wie sie bei der Werkzeugherstellung durch Frühmenschen entstehen. Die wahre Bedeutung des Fundortes zeigte sich jedoch erst bei späteren Ausgrabungen. Vor Mania – nämlich 1908 – hatte bereits der Paläontologe Ewald Wüst (1875–1934) aus Halle/Saale in Bilzingsleben Feuersteinwerkzeuge geborgen. Damit waren aber keine weiteren auf-sehenerregenden Funde verbunden gewesen.

Die Vielfalt der für die Werkzeugherstellung verwendeten Rohstoffe sowie der geschaffenen Formen spiegelt sich am besten im Fundgut von Bilzingsleben wider. Dort wurden 20.000 Werkzeuge und 80.000 Abfallstücke geborgen. Die Frühmenschen von Bilzingsleben schlugen mit länglichen

Quarzgeröllen so kräftig auf einen Feuerstein, dass davon ein Stück absplitterte und eine scharfe Arbeitskante entstand. Durch gezielte Schläge auf diese Kante stellte man unter anderem sägeartige Schneiden her. Man spricht hierbei von Kantenretusche. Aus Felsgestein formte man mit Hilfe von Schlagsteinen einflächig zurechtgehauene Hackgeräte (Choppers) und zweiflächige (Chopping tools) mit mehr oder weniger geraden Schneidekanten. Andere Felsgesteine versah man mit stumpfkegeligen Spitzen. Manche dieser Werkzeuge wiegen mehr als fünf Kilogramm. Einige Gerölle haben auf ebenen Flächen tiefe Narbenfelder, die auf eine Verwendung als Amboss hindeuten. Schaberartige Geräte hat man aus flachen Quarzitabschlägen oder -trümmern geschaffen. Die Stein-werkzeuge von Bilzingsleben wurden vorzugsweise in der Clacton Technik hergestellt, die man vom englischen Fundort Clacton on-Sea her kennt.

Die Bilzingslebener Frühmenschen schätzten auch die Geweihstange vom Rothirsch als Rohmaterial für Werkzeuge. Sie brachen oder schlugen davon die Kronen sowie die beiden Basissprossen – oder nur eine davon – ab, bis die jeweilige Geweihstange die Form eines Hiebwerkzeuges erhielt. Die großen Schulterblätter von Wildpferden. Wildrindern oder Nashörnern dienten als Arbeitsunterlagen, auf denen mit Feuersteinmessern das Fleisch von Beutetieren zerteilt wurde. Dies konnte man an den zahlreichen quer verlaufenden dünnen Schnittspuren ablesen. Robustere Beckenschaufel- oder Schulterblattstücke von Elefanten tragen noch tiefere und längere Schnittspuren. Sie könnten Arbeitsunterlagen gewesen sein, auf denen Tierfelle oder andere Materialien mit kräftig aufgedrückten Feuersteinmessern zurechtgeschnitten wurden. Beim Bohren benutzte man Teile von großen Gelenkköpfen mancher Tiere als Unterlagen.

Über die Jagd der Frühmenschen im Altacheuléen geben vor allem die insgesamt zweieinhalb Tonnen Speiseabfälle aus der Siedlung Bilzingsleben Auskunft. Die dort vorgefundenen zerschlagenen Tierknochen stammen vom Europäischen Waldelefanten und Steppenmammut, Wald- und Steppennashorn, Wisent, Wildpferd, Rothirsch, Damhirsch, Biber und Bär. Merklich seltener waren Knochenreste vom Reh, Wildschwein, Fuchs, Dachs, Wolf, Löwen, der Wildkatze und vom Affen. Dies zeigt, dass die Frühmenschen tüchtige Jäger waren, die selbst vor großen und gefährlichen Tieren nicht zurückschreckten.

Bei den Ausgrabungen in Bilzingsleben kam ein gestampftes Pflaster-Halbrund aus Knochen und Geröll zum Vorschein, das vermutlich als Ritualplatz diente. Dort wurden offenbar die Schädel verstorbener Angehöriger zertrümmert und deren Gehirn bei einem rituellen Mahl verzehrt. Schnitt- und Ritzspuren auf einem Hinterhauptsbein von Bilzingsleben könnten von Manipulationen nach dem Tod herrühren.

*Eiszeitlicher Löwe.*
*Zeichnung:*
*Shuhei Tamura,*
*Kanagawa, Japan*

# Das Jungacheuléen

Aus der Zeit des Jungacheuléen vor etwa 350.000 bis 150.000 Jahren kennt man in Deutschland im Gegensatz zu früheren Stufen der Altsteinzeit bereits etliche Skelettreste, Siedlungen und Steinwerkzeuge von letzten Frühmenschen und frühen Neanderthalern. Die größere Zahl der Funde spiegelt vielleicht eine dichtere Besiedlung wider. Der Begriff Jungacheuléen wurde 1924 von dem deutschen Prähistoriker Hugo Obermaier (1877–1946) eingeführt.

Auf die Elster- und die Mindel-Eiszeit folgte vor etwa 300.000 Jahren die in ganz Deutschland vertretene Holstein-Warmzeit, die zuerst in Schleswig-Holstein floristisch nachgewiesen wurde. Den Begriff Holstein-Warmzeit hat 1922 der Berliner Geograph Albrecht Penck (1858–1945) vorgeschlagen. Das milde Klima der Holstein-Warmzeit ließ vor allem Erlen und Kiefern, daneben aber auch Eiben und Eschen gedeihen. Auf warme Zeiten deutet unter anderem das Vorkommen von Weinreben, Buchs, Stechlaub und amerikanischem Wasserfarn hin.

Zur Tierwelt der Holstein-Warmzeit gehörten Europäische Waldelefanten, Säbelzahnkatzen, Löwen, Braunbären, Waldnashörner, Waldwisente, Wildpferde, Riesenhirsche, Rothirsche und Rehe. Aus subtropischen Gebieten Asiens wanderten sogar erstmals Wasserbüffel ein. Ein weiterer Neuankömmling aus Asien war der Auerochse (auch Ur genannt).

In der Osteifel wurden vor etwa 350.000 Jahren weiterhin Vulkane aktiv. Damals kam es beispielsweise im Riedener Kessel durch den Kontakt von Magma und Grundwasser zu verheerenden Vulkankatastrophen. Spuren davon sind die bis

O. Abel 1912
rekonstr.

Rekonstruktion eines Mammuts.
Zeichnung: Othenio Abel (1875–1946)

zu anderthalb Meter mächtigen Tuff- und Bimsschichten im etwa 20 Kilometer entfernten Ariendorf (Kreis Neuwied). Von einer Explosion im Wehrer Kessel vor etwa 300.000 Jahren stammen die mehr als einen Meter mächtigen Bimsschichten in Kärlich.

Auf die Holstein-Warmzeit folgte vor etwa 280.000 Jahren die nach dem gleichnamigen Fluss bezeichnete Saale-Eiszeit. Der Name Saale-Eiszeit wurde 1909 von dem Berliner Geologen Konrad Keilhack (1858–1944) eingeführt. Während dieser Eiszeit stießen skandinavische Gletscher weit nach Mitteleuropa vor, so fast bis Düsseldorf, Krefeld und Geldern. Über Kleve verlief der Eisrand nach Holland.

Auch in der Saale-Eiszeit kamen die Vulkane der Osteifel nicht zur Ruhe. In diesem Abschnitt brachen im Mittelrheingebiet die Vulkane Schweinskopf am Karmelenberg, Wannen, Plaidter Hummerich und Tönchesberg aus.

Die sinkenden Durchschnittstemperaturen und die verkürzte Vegetationsperiode führten in der Saale-Eiszeit dazu, dass sich in Deutschland wie in früheren Eiszeiten wieder Tundren und Steppen bildeten. Dort erschienen neben Fellnashörnern nur erstmals auch Mammute (*Mammuthus primigenius).*

Die Mammute erreichten mit einer maximalen Schulterhöhe von drei Metern nicht ganz die Größe der heutigen Afrikanischen Elefanten. Ihre Stoßzähne waren bis zu vier Meter lang und pro Stück etwa 150 Kilogramm schwer. Mammute konnten dank ihres dichten rötlich-braunen Felles mit bis zu 35 Zentimeter langen Wollhaaren und darüber halbmeterlangen Deckhaaren selbst grimmiger Kälte trotzen. Hierbei halfen ihnen außerdem die etwa drei Zentimeter dicke Haut und eine starke Fettschicht. Die maximal sechs Tonnen schweren Mammute fraßen täglich bis zu 300 Kilogramm Pflanzennahrung.

Die Saale-Eiszeit wurde vor schätzungsweise 250.000 Jahren durch die nach einem holländischen Fundort benannte Hoogeven-Warmzeit unterbrochen. Der Begriff Hoogeven-Warmzeit wurde 1973 von dem holländischen Geologen Waldo H. Zagwijn aus Haarlem geprägt. Diese Warmzeit dürfte zeitlich der Wacken-Warmzeit und der Dömnitz-Warmzeit entsprochen haben, die in Schleswig-Holstein und in Ostdeutschland nach gewiesen wurden. Die Wacken-Warmzeit erhielt ihre Bezeichnung 1968 durch den Kieler Geologen Burchard Menke. Sie ist nach dem Fundort Wacken in Holstein benannt. Der Begriff Dömnitz-Warmzeit wurde 1964 auf der „12. Tagung der Deutschen Quartärvereinigung" in Lüneburg durch den Geologen Klaus Erd aus Berlin eingeführt. Publiziert wurde der Beitrag dann als Kurzreferat des Fachvortrages ein Jahr später. Die Dömnitz ist ein kleines Flüsschen bei Pritzwalk.

Als zeitlich mit der Saale-Eiszeit in Norddeutschland identisch wird die nach einem rechten Nebenfluss der Donau benannte Riß-Eiszeit in Süddeutschland betrachtet. Der Name Riß-Eiszeit wurde 1909 von dem Berliner Geographen Albrecht Penck und dem aus Deutschland stammenden Wiener Geographen Eduard Brückner (1862–1927) geprägt. Während dieser Eiszeit überquerte der Rheingletscher bei Sigmaringen in Baden-Württemberg die Donau und staute den Fluss zu einem riesigen See auf. Der Lechgletscher stieß bis Wörishofen vor. Der Loisachgletscher hinterließ zwischen Landsberg und Merching seine Spuren. Der Isargletscher rückte bis auf weniger als 20 Kilometer Entfernung an München heran. Der Inn-Chiemsee-Gletscher begrub die Landschaft im Raum Markt Schwaben, Erding, Isen, Bierwang und Trostberg unter mächtigem Eis. Nördlich der süddeutschen Gletscher erstreckte sich eine Tundra, in der Steppenmammute, Mammute, Fellnashörner, Steppenwisente, Wildpferde, Riesenhirsche und

Rothirsche lebten. Außerdem gab es Höhlenbären und Löwen. 1986 meldete der Tübinger Anthropologe Alfred Czarnetzk den dritten Nachweis des Frühmenschen *Homo erectus* aus Deutschland: den hinteren Teil eines Schädels aus einer Kiesgrube in Reilingen bei Schwetzingen in Baden-Württemberg. Vorausgegangen waren die Funde von Mauer bei Heidelberg in Baden-Württemberg und Bilzingsleben in Thüringen.

Der Fundort Reilingen liegt im Bereich einer ehemaligen Schlinge des eiszeitlichen Rheins. Der Schädelrest war 1978 von dem Baggerführer Helmut Dautel aus Reilingen auf dem Förderband der Kiesgrube entdeckt worden. Er wurde dem „Staatlichen Museum für Naturkunde in Stuttgart" übergeben. Dort zeigte 1984, der Stuttgarter Paläontologe Karl Dietrich Adam (1921–2012) dem Anthropologen Czarnetzki die bis dahin nicht genauer untersuchten Schädelreste und überließ sie diesem großzügigerweise zur wissenschaftlichen Untersuchung. Czarnetzki stellte an den Schädelresten am Übergang vom Hinterhaupt zum Nackenmuskelfeld einen markanten Knick von etwa 109 Grad fest der als typisches Merkmal des Frühmenschen *Homo erectus* gilt. 1986 schlug er für diesen Frühmenschen den Namen *Homo erectus reilingensis* vor. Das hohe geologische Alter dieses Fundes wurde jedoch zunächst von dem Stuttgarter Paläontologen Karl Dietrich Adam und später auch von dem Berliner Anthropologen Lothar Schott bezweifelt.

Einer der am besten erhaltenen und aussagekräftigsten Menschenschädel aus dem Jungacheuléen ist der einer jungen Frau aus Steinheim an der Murr (Kreis Ludwigsburg) in Baden Württemberg. Diese Frau war vermutlich vor mehr als 300.000 Jahren gestorben. Ihr Schädel besaß bereits den für die Menschen der Gegenwart typischen fünfeckigen Umriss und

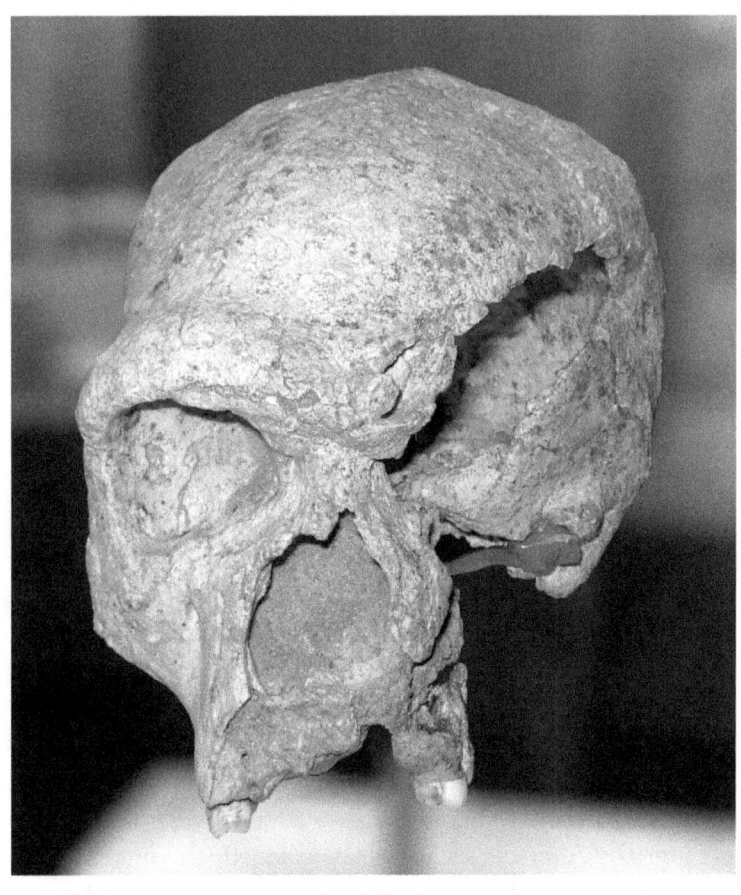

*Oberschädel des Steinheim-Menschen (Homo steinheimensis)*
*im „Staatlichen Museum für Naturkunde" in Stuttgart.*
*Foto: Dr. Günter Bechly / CC-BY-SA3.0 (via Wikimedia Commons),*
*lizensiert unter Creative-Commons-Lizenz by-sa-3.0-de,*
*https://creativecommons.org/licenses/by-sa/3.0/legalcode*

eine tiefliegende Nasenwurzel mitsamt Wangengruben, die unseren heutigen gleichen. Das Fassungsvermögen des Schädelinnenraumes beträgt etwa 1.100 Kubikzentimeter. Das sind rund 200 Kubikzentimeter weniger als bei einer jetzigen mittel europäischen Frau. Da die Zähne der Steinheimerin im Oberkiefer- der Unterkiefer fehlt, nicht stark abgekaut sind, dürfte sie im dritten Lebensjahrzehnt gestorben sein.

Der Steinheimer Frauenschädel wurde am 24. Juli 1933 in de Sandgrube Sigrist entdeckt. Karl Sigrist, der Sohn des Grubenbesitzers, meldete der damaligen „Württembergischen Naturaliensammlung" in Stuttgart – der Vorläuferin des heutigen Naturkundemuseums – telefonisch einen affenartigen Schädelfund. Über diesem hatten etwa fünf Meter mächtige eiszeitliche Schotter gelegen. Am Tag darauf barg der Stuttgarter Oberpräparator Max Böck (1877–1945) den Schädel. Die wissenschaftliche Untersuchung oblag dem Stuttgarter Paläontologen Fritz Berckhemer (1890–1954), der den Fund 1934 als *Homo steinheimensis* beschrieb. Heute wird er von einem Teil der Wissenschaftler der Präsapiens Stufe *(Homo sapiens praesapiens)* zugerechnet, von anderen Experten jedoch den Anteneanderthalern *(Homo sapiens anteneanderthalensis)* oder den frühen Neanderthalern zugeordnet. Während des NS-Regimes wollte man in der Steinheimerin die lange gesuchte Ahnherrin der nordischen Rasse sehen. Die Verletzungsspuren am Steinheimer Frauenschädel werden als Hinweis auf rituell motivierten Kannibalismus diskutiert.

Ähnlich hohes Alter wie der Fund aus Steinheim an der Murr hat vielleicht auch ein menschliches Zahnbruchstück aus einem Travertinsteinbruch von Bad Cannstatt in Baden-Württemberg. Es handelt sich um eine Eckzahnkrone. Der Tübinger Anthropologe Czarnetzki schrieb sie einem Frühmenschen zu, der Stuttgarter Paläontologe Adam dagegen einem Rothirsch.

Der bescheidene Fund kam 1980 bei Ausgrabungen des Stuttgarter Prähistorikers Eberhard Wagner zum Vorschein. Aus der Höhlenruine von Hunas unweit von Hartmannshof (Kreis Nürnberger Land) in Mittelfranken barg man einen rechten dritten Backenzahn, der mehr als 250.000 Jahre alt sein soll und daher von einem frühen Neanderthaler herrühren könnte. Dieser Zahn wurde 1976 von dem Präparator Albert J. Günther bei Ausgrabungen des „Instituts für Paläontologie" der „Universität Erlangen-Nürnberg" entdeckt, die unter der Leitung des Paläontologen Josef Theodor Groiß standen. Mit frühen Neanderthalern werden auch die in den Travertinösteinbrüchen von Ehringsdorf bei Weimar gefundenen Teile von Schädeln, ein Oberkieferbruchstück, Unterkieferbruchstücke und das deformierte Schädeldach einer Frau in Zusammenhang gebracht. Die Datierungen dieser Funde sind jedoch sehr umstritten. Sie erstrecken sich über einen Zeitraum von etwa 260.000 bis 115.000 Jahren. Die ersten menschlichen Skelettreste in Ehringsdorf wurden 1908 von dem Steinbruchbesitzer Robert Fischer (1882–1959) entdeckt. Danach gelangen zahlreiche weitere Funde, von denen das Fundjahr nicht immer bekannt ist.

Sogar an einem bruchstückhaften Knochenrest können Anthropologen gelegentlich Spuren von Krankheiten erkennen. Zum Beispiel weist der Unterkiefer eines mutmaßlichen frühen Neanderthalers aus Ehringsdorf eindeutige Anzeichen von Knochenmarkeiterung und eitriger Zahnbetterkrankung (Parodontose) auf.

Zu den ältesten Siedlungen des Jungacheuléen gehört die von Ariendorf bei Bad Hönningen im Mittelrheingebiet (Rheinland-Pfalz). Sie wird auf etwa 350.000 Jahre datiert. In Ariendorf hinterließen Frühmenschen außer Jagdbeuteresten von Nashorn, Wildpferd und Hirsch einige Steinwerkzeuge.

Auf diese Siedlungsstelle war 1981 der Kölner Prähistoriker Gerhard Bosinski bei einem seiner Streifzüge durch das Neuwieder Becken gestoßen.

Im Mittelrheingebiet befindet sich auch die Siedlung auf dem Vulkan Schweinskopf, die vor etwa 350.000 Jahren bestand. Dort lagerten Frühmenschen im Schutze eines Kraterwalles in Nachbarschaft einer kleinen Wasserfläche, die sich in der Kratermulde gebildet hatte. Auch hier konnte man nur bescheidene Hinweise für die Anwesenheit von Frühmenschen finden. Die Siedlungsstelle auf dem Schweinskopf wurde im März 1983 von dem Sammler Karl-Heinz Urmersbach und dessen Sohn Andreas aus Weißenthurm entdeckt, als sie einen Faustkeil und einen Breitschaber aus Quarz bargen. Doris Winter von der Forschungsstelle Altsteinzeit in Neuwied nahm dann Ausgrabungen vor.

In die Zeit vor etwa 350.000 Jahren dürften auch Jagdbeutereste und Steinwerkzeuge gehören, die am Kartsteinloch bei Eiserfey (Kreis Euskirchen) in der Eifel in Ablagerungen einer kalkhaltigen Quelle zum Vorschein kamen. Der Kartstein ist eine 30 Meter hohe Dolomitklippe mit zwei Höhlen und mehreren Nischen. Er wird nach dem angeblich in einer Höhle am Tiber hausenden Riesen Kakus auch Kakusfelsen – und die große Höhle Kakushöhle – genannt.

Die Siedlungen von Ariendorf, auf dem Schweinskopf und am Kartstein sind von letzten Frühmenschen der Art *Homo erectus* angelegt worden. Daneben gab es im Jungacheuléen aber auch Siedlungen, die mit frühen Neanderthalern in Verbindung gebracht werden.

Von frühen Neanderthalern dürften die Siedlungsspuren aus der erwähnten Höhlenruine von Hunas unweit von Hartmannshof stammen. Diese Funde aus Bayern werden in die süddeutsche Riß-Eiszeit datiert und sollen mehr als 250.000

Frau aus der Zeit des Jungacheuléen vor mehr als 300.000 Jahren
von Steinheim an der Murr (Kreis Ludwigsburg)
in Baden-Württemberg.
Zeichnung: Fritz Wendler (1941–1995)
für das Buch „Deutschland in der Steinzeit" (1991)
von Ernst Probst

Jahre alt sein. Die zerfallene Höhle bei Hunas ist im Mai 1956 von dem Erlanger Paläontologen Florian Heller (1905–1978) entdeckt und ausgegraben worden. Dabei kamen auch Steinwerkzeuge zum Vorschein.

Frühen Neanderthalern rechnet man auch Siedlungsfunde aus den verschiedenen übereinanderliegenden Feuerstellenschichten von Ehringsdorf bei Weimar in Thüringen zu, die von manchen Experten für mehr als 200.000 Jahre alt gehalten werden. Gleiches gilt für Funde aus Mönchengladbach-Rheindahlen (Ostecke), die mehr als 150.000 Jahre alt sein sollen.

Die frühen Neanderthaler waren tapfere und erfolgreiche Jäger. In Ehringsdorf erlegten sie gern Waldnashörner und daneben Europäische Waldelefanten. Solche tonnenschweren Tiere garantierten große Fleischmengen. In Ehringsdorf wurde die Jagd auf derart riesige Tiere vielleicht dadurch erleichtert, dass diese beim Gang zur Tränke manchmal in den Kalkschlamm-tümpeln in natürliche Fallen gerieten.

Über die Kleidung der Frühmenschen und frühen Neanderthaler kann man lediglich spekulieren, da keine Reste davon bekannt sind. Während der warmen Sommer einer Warmzeit dürfte eine Art von Lendenschurz als einziges Bekleidungsstück genügt haben. In regnerischen Wintern musste man sich wohl besser einhüllen. Und das Leben in der Saale-Eiszeit ist dagegen ohne wärmende Kleidung, die außer dem Körper auch die Arme, Beine und Füße bedeckte, kaum vorstellbar.

Aus dem Jungacheuléen liegen in Deutschland seltene und oft fragliche Geweih-, Knochen- und sogar Elfenbeinwerkzeuge vor. Auch in dieser Kulturstufe wurden neben anderen Werkzeugformen weiterhin Faustkeile angefertigt. Manche von ihnen wirken über das notwendige Maß hinaus perfekt und formschön.

Vor mehr als 250.000 Jahren dürften massive und grob bearbeitete ovale oder gestreckte Faustkeile sowie Hackgeräte (Cleaver) auf der Hügelkuppe „Reutersruh" bei Ziegenhain in Hessen hergestellt worden sein. Sie bestehen zumeist aus örtlich vorkommendem Quarz. Diese Steinwerkzeuge wurden im Dezember 1938 von dem Lehrer Adolf Luttrop (1896–1984) aus Steina im Auffüllmaterial für einen Weg vor seinem Haus entdeckt. Er konnte den Herkunftsort – eine Sandgrube auf der „Reutersruh" am Rand des Schwalmtales – ausfindig machen und weitere Werkzeuge verschieden hohen Alters bergen.

Ähnlich alte Steinwerkzeuge wurden in Ablagerungen der Unstrut bei Memleben (Kreis Nebra) in Thüringen und in Wallendorf (Kreis Merseburg) in Sachsen-Anhalt entdeckt. Sie sind in Clacton-Technik angefertigt.

Die Funde bei Memleben wurden 1975 durch den Prähistoriker Dietrich Mania aus Halle/Saale sowie den Ingenieur und Amateur-Archäologen Georg Cubuk (1928-1984) aus Düsseldorf entdeckt.

Ein altbekannter Fundplatz von weniger als 200.000 Jahren alten Steinwerkzeugen aus der Saale-Eiszeit ist Markkleeberg bei Leipzig. Dort entdeckte der Geologe Franz Etzold (1859–1928) aus Leipzig bereits 1895 in einer Kiesgrube ein eindeutig von Menschenhand bearbeitetes Feuersteinwerkzeug. 1905 fand der Gymnasiast Karl Hermann Jacob (1866–1960) in einer Kiesgrube südlich von Markkleeberg zwei Feuersteinabschläge. Bis 1913 konnte er an diesem Fundort mehr als 300 Artefakte sammeln. Noch viel umfangreicher war die Ausbeute in den Jahren 1977 bis 1980 im Braunkohlentagebau bei Markkleeberg. Dort wurden etwa 4.500 Feuersteinartefakte geborgen. Sie sind aus Geröllen nordischen Feuersteins angefertigt, die am Rande des Pleiße-Gösel-Tales zu Tausenden vor kommen. Die meisten

Artefakte waren Abschläge. Insgesamt wurden nur fünf fertige Faustkeile gefunden.

Zu den Fundorten in Ostdeutschland mit Steinwerkzeugen aus der Saale-Eiszeit gehören unter anderem Zehmen südlich von Markkleeberg, Gröbern zwischen Markkleeberg und Zehmen, Böhlen im Kreis Borna (alle in Sachsen) sowie Hundisburg im Kreis Haldensleben (Sachsen-Anhalt). Die Fundstelle Hundisburg ist seit 1904 durch die Veröffentlichungen des Rechtsanwalts und Heimatforschers Paul Favreau aus Neuhaldensleben wie des Landschaftsmalers und Heimatforschers Eugen Bracht (1842–1921) aus Dresden bekannt. 1938 wurde das Dorf Neuhaldensleben der Stadt Haldensleben eingemeindet.

In Nordrhein-Westfalen hat vor allem die Ziegeleigrube Dreesen in Mönchengladbach-Rheindahlen zahlreiche saaleeiszeitliche Werkzeugfunde geliefert. Auf deren Areal sind mehrere Fund- und Siedlungshorizonte altsteinzeitlicher Jäger und Sammler entdeckt worden. Den ersten Fund hatte 1915 der Mönchengladbacher Realschullehrer Heinrich Brockmeier (1857–1941) geborgen und bekannt gemacht. In die Saale-Eiszeit werden die Fundschichten B5 und B 3 und vielleicht auch B2 von Mönchengladbach datiert. Allein in B3 konnte man etwa 10.000 Steinartefakte bergen, die teilweise in Clacton-Technik, aber auch in Levallois-Technik, zugeschlagen sind. Zum Werkzeugspektrum von B3 gehören vor allem Spitzen und Schaber, daneben Haugeräte (Choppers, Chopping-tools) aus Quarz und Quarzit, zahlreiche Abfälle und drei Sandsteinplatten mit Schleifspuren. Weitere Fundorte von Werkzeugen saaleeiszeitlichen Alters in Nordrhein-Westfalen sind Herne, Selm-Ternsche (Kreis Lüdinghausen) und Bielefeld-Johannistal. Die Steinwerkzeuge von Selm-Ternsche wurden 1934 bei der Erweiterung des Dortmund-Ems-Kanals in einer

Sandgrube gefunden. Die Feuersteinwerkzeuge von Bielefeld-Johannistal wurden 1970 durch den Heimatforscher Walter Adrian aus Bielefeld im Aushub eines Kanalgrabens entdeckt. Adrian war damals Leiter des von ihm eingerichteten „Hausmuseums zur Geschichte der Hausbäckerei" bei der Firma Oetker in Bielefeld.

Als die bisher ältesten in Niedersachsen gefundenen Werkzeuge gelten zwei Faustkeile aus Hemmingen (Kreis Hannover), die der Schriftsteller Hans-Joachim Haecker aus Hannover 1970 entdeckt hat. Sie stammen aus Schichten vor der Saale-Eiszeit und sind damit mehr als 250.000 Jahre alt. Saaleeiszeitliche Steinwerkzeuge kamen in Hannover-Döhren, Reethen (Kreis Hannover) sowie im Raum von Lübbow (Kreis Lüchow-Dannenberg) zum Vorschein. Die Funde von Hannover-Döhren im Leinetal westlich des Flusses stammen aus drei Bagger-gruben. Die ersten Funde glückten 1931 dem Lehrer Plasse (1864–1935) aus Arnum. Später lieferte der Sammler August Gassmann dem Landesmuseum in Hannover weitere Artefakte. Die Funde aus dem Raum Lübbow stammen aus frühsaale-eiszeitlichen Schmelzwasserablagerungen, die in Kiesgruben zugänglich sind. Sie werden seit 1961 von zahlreichen rührigen Sammlern gesucht und für wissenschaftliche Untersuchungen zur Verfügung gestellt. Im Raum von Lübbow fanden folgende Sammler Artefakte: Gerhard Voelkel, Ewald Müller, Werner Schütte, Siegfried Schramm (alle aus Lüchow), Erich Weiß (Hannover), Peter Blaffert (Esslingen), Hartmut Sitarek (Soltau), Hermann Leunig (Celle), Fritz Stoßmeister (Seevetal), Walter Gauger (Leiter der Geschiebesammlergruppe Lüneburg), Heinz-Jürgen Wilke (Hamburg). Ein großer Teil der Fundstücke aus diesem Gebiet entspricht weitgehend dem Erscheinungsbild derjenigen von Markkleeberg in Sachsen.

Steinwerkzeuge aus Schichten der Saale-Eiszeit im Raum Hamburg deuten darauf hin, dass sich frühe Neanderthaler während vorübergehender Rückzugsphasen der skandinavischen Gletscher bis in diese Gegend vorwagten. Berühmt sind vor allem die von dem Hamburg-Altonaer Großkaufmann und Sammler Gustav Steffens (1888–1973) seit 1938 zusammengetragenen Stücke. Er hat seine Funde entlang des Elbufers von Övelgönne bis Wittenbergen im Bereich von Hamburg-Altona der Altonaer Gruppe zugeordnet. Diese ähneln stark den Werkzeugen von Clacton-on-Sea in England. Zeitlich etwas jüngere Funde vom hohen Elbufer bei Wedel-Schulau im Raum Hamburg rechnete Steffens der Wedeler Gruppe zu. In der Saale Eiszeit dürften auch die 1933 von dem Hamburger Kunsthandwerker Otto Karl Pielenz (1887–1980) entdeckten Feuersteinwerkzeuge zurechtgeschlagen worden sein.

Als Hinterlassenschaften von Jägern aus der Saale-Eiszeit diskutiert man auch einen 9,5 Zentimeter langen Faustkeil von Drelsdorf im Kreis Nordfriesland, dessen Oberseite durch Sandstürme feingeschliffen wurde.

Über die geistige Vorstellungswelt der Frühmenschen der Art *Homo erectus* im Jungacheuléen weiß man wenig. Nach dem Schädelrest von Reilingen zu schließen, sind Verstorbene nicht bestattet worden, dies war auch in anderen Teilen der damals von Frühmenschen bewohnten Welt nicht üblich. Da man nur Schädelreste, aber keine Teile vom übrigen Skelett fand, kann man darüber spekulieren, ob damals der Kopf und der Körper von Toten unterschiedlich behandelt worden sind.

Als Schlüsselfund für die Gedankenwelt der Menschen im Jungacheuléen wird von vielen Prähistorikern der Oberschädel der erwähnten Frau aus Steinheim an der Murr betrachtet. Deren schwere Verletzungsspuren an der linken Schläfenseite hat der Tübinger Anatom und Anthropologe Wilhelm Gieseler

*Anthropologe Alfred Czarnetzki (1937–2013).*
*Foto: Dr. Alfred Czarnetzki*

(1900–1976) als Zeugnis für rituell motivierten Kannibalismus gedeutet. Er vertrat die Auffassung, ein Zeitgenosse dieser Frau habe mit einem stumpfen Gegenstand deren linke Schädelseite eingeschlagen. Nach dem Tode müsse der Kopf vom Hals getrennt und das Hinterhauptsloch (Foramen magnum) erweitert worden sein, damit man das Gehirn entnehmen und zehren konnte. Dieser Theorie schlossen sich zahlreiche Experten an.

Im Gegensatz dazu meint jedoch der Tübinger Anthropologe Czarnetzki, die linke Schläfenseite der Steinheimerin könne durch einen großen Kiesel zerstört worden sein, der in Bergungsberichten erwähnt wird. Und der Defekt am Hinterhauptsloch wäre durch den Druck auflastender Schichten erklärbar, weil an dieser Stelle der Schädel besonders dünn ist. Als Zeugnis von rituell motiviertem Kannibalismus wird auch das deformierte Schädeldach einer mutmaßlichen frühen Neanderthalerin von Ehringsdorf bei Weimar zitiert. Es ist jedoch umstritten, ob dieses Schädeldach durch die Auflast darüber liegender Schichten zerdrückt, durch Frost gesprengt oder von Zeitgenossen der Frau zertrümmert wurde. Das Schädeldach war am 21. September 1925 nach einer Sprengung in 18 Meter Tiefe in oder dicht unter einer Brandschicht ans Tageslicht gekommen. Es wurde durch den erwähnten Steinbruchbesitzer Robert Fischer und den Weimarer Präparator Ernst Lindig (1869–1934) entdeckt und geborgen.

*Prähistoriker Klaus Günther (1932–2006).*
*Foto: Dr. Klaus Günther*

# Das Spätacheuléen

Als letzter Faustkeil-Formenkreis des nach einem französischen Fundort benannten Acheuléen gilt in Deutschland das Spätacheuléen vor etwa 150.000 bis 100.000 Jahren. Seine zweite Hälfte verläuft parallel zu den vor etwa 125.000 Jahren beginnenden Kulturstufen Micoquien und Moustérien. Das Spätacheuléen konnte sich im norddeutschen Flachland, wo das Micoquien nicht vertreten war, vielleicht sogar noch wesentlich länger behaupten. Der Begriff Spätacheuléen wurde 1964 von dem Prähistoriker Klaus Günther (1932–2006) für Funde von verschiedenen nordrhein-westfälischen und niedersächsischen Fundorten geprägt.

Nach Ansicht anderer Autoren ist das Spätacheuléen ein Teil des Jungacheuléen. In Frankreich wird der Begriff Spätacheuléen für Komplexe am Ende der vorletzten Eiszeit und der letzten Warmzeit benutzt.

Das Spätacheuléen fiel teilweise in die ausgehende Saale-Eiszeit, in die Eem-Warmzeit vor etwa 125.000–115.000 Jahren und in die Anfangszeit der vor etwa 115.000 Jahren beginnenden Weichsel-Eiszeit. Marine Ablagerungen aus der Eem-Warmzeit wurden 1874 erstmals von dem holländischen Mediziner und Botaniker Pieter Harting (1812–1885) aus Utrecht beschrieben. Der Begriff Weichsel-Eiszeit wurde 1909 durch den Berliner Geologen Konrad Keilhack (1858–1944) eingeführt.

Gegen Ende der norddeutschen Saale-Eiszeit zogen sich allmählich die skandinavischen Gletscher wieder in ihr Ausgangsgebiet zurück. In den Tundren und Steppen jener Zeitspanne weideten unter anderem Mammute, Fellnashörner, Wildpferde und Rentiere.

In der frühen Eem-Warmzeit überflutete das durch Schmelz-
wasser der Gletscher stark angestiegene Meer das Nordsee- und
das Ostseebecken bis nach Ostpreußen. Danach wurde
Skandinavien vom übrigen Europa getrennt. In Norddeutschland gediehen im Eem zunächst Birken- und Kiefernwälder.
Mit zunehmender Erwärmung folgten Eichenmischwälder, in
denen neben Eichen auch Ulmen stark vertreten waren. In
Abschnitten mit besonders günstigem Klima wuchsen sogar
Stein- und Traubeneiche, Sommer- und Winterlinde, Lebens-
baum, südosteuropäische Schwarzkiefer, Buchs, Stechpalme,
Waldrebe und thüringischer Flieder (*Syringa thuringiaca*).

Mit der Klimaverbesserung im Eem war die erneute Ein-
wanderung wärmeorientierter Tiere verbunden, während sich
die an die Kälte angepassten Mammute, Fellnashörner und
Rentiere zurückzogen. Im Eem eroberten Flusspferde wieder
den Rhein und waren bis nach England verbreitet. In den
Eichenmischwäldern Deutschlands lebten Löwen, Leoparden,
Europäische Waldelefanten, Waldnashörner, Wildschweine,
Riesen-, Dam- und Rothirsche sowie Rehe und Wildkatzen.

In der norddeutschen Weichsel-Eiszeit wechselten sich immer
wieder jeweils einige tausend Jahre lang Kaltphasen (Stadiale)
und Warmphasen (Interstadiale) miteinander ab. In den frühen
Kaltphasen dieser Eiszeit kam es noch zu keinen gravierenden
Gletschervorstößen in Deutschland. Typische Tiere der Kaltphasen der Weichsel-Eiszeit waren Mammute, Fellnashörner,
Rentiere und Moschusochsen. In den Warmphasen lebten statt
dessen unter anderem Höhlenlöwen, Höhlenhyänen, Wildpferde
und Hirsche.

Von den Neanderthalern aus dem Spätacheuléen kennt man
bisher nur bescheidene und noch dazu unsicher datierte Reste
Dazu gehören zwei Backenzähne aus Taubach bei Weimar in
Thüringen, die bereits 1887 und 1892 entdeckt worden sind

Der Fund von 1887 soll von einem etwa Vierzehnjährigen stammen, derjenige von 1892 von einem Neunjährigen. Diese Funde sollen schätzungsweise 100.000 Jahre alt sein. Der Fundplatz in Taubach wurde von dem Jenaer Kunsthistoriker Friedrich Klopfleisch (1831–1898) entdeckt. Die in Taubach gefundenen Reste von eiszeitlichen Großsäugern wurden 1878 von dem italienischen Geologen Alessandro Portis (1855–1931) publiziert.

Mit frühen oder späten Neanderthalern werden auch verschiedene menschliche Skelettreste aus dem Emschertal bei Bottrop in Verbindung gebracht, die zwischen 250.000 und 50.000 Jahre alt sein sollen. Der erste dieser Funde war ein Oberschenkelknochen, den der Bottroper Museumsdirektor Arno Heinrich (1929–2009) im Jahre 1964 bei Ausschachtungsarbeiten für eine Pumpstation an der Auffahrt zum Emscher-Schnellweg barg. 1970 kam bei Baggerarbeiten im Rhein-Herne-Kanal westlich neben der Brücke an der Essener Straße ein Ellenknochen zum Vorschein. Außerdem stieß man 1970 im Fundgut aus dem Rhein-Herne-Kanal auf zwei Schädeldachfragmente. Bei all diesen Fossilien ist die genaue Fundschicht nicht bekannt, was die Altersbestimmung er-schwert.

Im Sommer 1911 zeigte ein Sammler dem Essener Geologen und Direktor des Ruhrland-Museums, Ernst Kahrs (1876–1948), ein Feuersteinwerkzeug, das von Arbeitern bei Ausschachtungen in der Baugrube von Schleuse 6 des Rhein-Herne-Kanals in etwa 12 Meter Tiefe im Flussschotter zum Vorschein gekommen war. Daraufhin untersuchte Kahrs die Fundstelle und entdeckte zerschlagene Tierknochen sowie weitere Steinwerkzeuge.

Auch im Spätacheuléen vor etwa 150.000 Jahren lagerten Gruppen von Neanderthalern im Mittelrheingebiet in den Kratern erloschener Vulkane, welche die Umgebung bis zu

150 Metern überragten. Das dokumentieren Jagdbeutereste und Steinwerkzeuge auf den Vulkanen Plaidter Hummerich, Schweinskopf, Tönchesberg und Wannen.

Auf den Fundplatz auf dem Vulkan Plaidter Hummerich wurde man im März 1983 aufmerksam, als der damals in Saarbrücken wirkende Geograph Horst Strunk Tierknochen und Steinartefakte entdeckte. Die Fundplätze auf den Vulkanen Schweinskopf (1983), Tönchesberg (1983) und Wannen (1985) wurden durch den Sammler Karl-Heinz Urmersbach und dessen Sohn Andreas aus Weißenthurm aufgespürt.

Offenbar schätzten die damaligen Bewohner der Vulkankrater die Vorteile dieser ungewöhnlichen Siedlungsstandorte. Das dunkle Lavagestein der Vulkane speicherte tagsüber die Strahlungswärme der Sonne und gab diese nachts, wenn es kühler wurde, noch stundenlang ab. In den Kratermulden war man vom Wind geschützt und konnte so auch leichter als im Flachland das Feuer hüten. Oft sicherte zudem das an der tiefsten Stelle der Krater angesammelte Regenwasser die Trinkwasserversorgung. Von der luftigen Höhe der Vulkane aus konnte man große Wildtiere gut erspähen. Auch vor ungebetenen vier- oder zweibeinigen Gästen war man hier sicherer als in der Ebene.

Im Flachland haben die damaligen Menschen mehrere Meter Durchmesser erreichende Zelte oder Hütten errichtet. Grundrisse von solchen Behausungen vermutet man in Ariendorf (Kreis Neuwied) im Mittelrheintal (Rheinland-Pfalz) sowie in Mönchengladbach-Rheindahlen (Nordrhein-Westfalen).

Der mutmaßliche Zeltgrundriss in Ariendorf wurde 1981/1982 bei Grabungen des Kölner Prähistorikers Gerhard Bosinski entdeckt. Als Durchmesser des Zeltes werden 2,70 Meter angegeben. Es soll an einem Bach gestanden haben. In der

Mitte des runden Grundrisses befanden sich zahlreiche Tierknochen, die als Jagdbeutereste und Arbeitsunterlagen gedeutet werden. Manche Prähistoriker zweifeln jedoch daran, dass es sich hierbei um Siedlungsspuren handelt. Sie sehen in den Funden vom Bach zusammengeschwemmte Tierreste.

In Mönchengladbach-Rheindahlen glaubte man sogar, zwei Grundrisse von zu verschiedenen Zeiten errichteten Behausungen erkannt zu haben. Eine davon soll 5,20 mal 3,80 Meter und die andere 6 Meter groß gewesen sein. Im Gegensatz zu den Ausgräbern meinen andere Experten, bei diesen Gruben könnte es sich auch um Wurzellöcher von umgestürzten Bäumen handeln.

Konzentrationen von Steinwerkzeugen aus der Stufe des Spätacheuléen zeugen jedoch an manchen Orten im Freiland davon, dass die damaligen Menschen unter freiem Himmel siedelten. Gelegentlich hielten sich diese Jäger und Sammler aber auch in Höhlen auf. Eine dieser selten aufgesuchten Höhlen ist die Balver Höhle in der Nachbarschaft der nordrhein-westfälischen Stadt Balve (Märkischer Kreis). Sie liegt am Oberlauf der Hönne, einem linken Nebenfluss der Ruhr. Die Balver Höhle besitzt einen riesigen 12 Meter breiten und 11 Meter hohen Eingang. Ihr durchschnittlich etwa 15 Meter breiter Hauptarm führt 54 Meter weit in den Berg und teilt sich dort in zwei geräumige Seitenarme, die nach berühmten Ausgräbern benannt sind. Der linke davon heißt Virchow-Arm und endet in einigen Ausbuchtungen, der rechte ist der Dechen-Arm, von dem nach 20 Metern nochmals zwei kurze Ausläufer abzweigen. Die Balver Höhle ist von Angehörigen verschiedener altsteinzeitlicher Kulturstufen bewohnt worden.

Bereits seit dem Ende der 1830er Jahre wurden mit eiszeitlichen Tierresten durchsetzte Ablagerungen aus der Balver Höhle als phosphatreiche Düngemittel abgebaut und auf die umliegenden

*Jagd auf einen Waldelefanten zur Zeit des Spätacheuléen*
*vor mehr als 100.000 Jahren*
*in der Gegend von Lehringen an der Aller (Kreis Verden)*
*in Niedersachsen).*
*Zeichnung: Fritz Wendler (1941–1995)*
*für das Buch „Deutschland in der Steinzeit" (1991)*
*von Ernst Probst*

Felder gebracht. 1843 nahm J. Fr. Oest unter Aufsicht des Berggeschworenen Wagner die ersten Schürfe in der Höhle vor. 1844 gruben die Berggeschworenen Wilhelm Castendyck (1824–1894) und Hermann Wagner (1817–1888) vom damaligen „Bergamt Siegen" auf Veranlassung des „Oberbergamtes Bonn" in der Balver Höhle. Sie entdeckten Steinwerkzeuge, erkannten jedoch deren Bedeutung nicht. Es folgten Untersuchungen durch den Berggeschworenen Liste (1852), den Berggeschworenen Theodor Hundt (1818–1886) aus Siegen und den Paläontologen Wilhelm von der Marck (1815–1900) aus Hamm i. W. (um 1866). Bei diesen frühen Erforschern der Balver Höhle sind teilweise der Vorname, der Wohnort sowie das Geburts- und Todesjahr nicht zu eruieren. Danach forschten in der Balver Höhle: 1869 der Bergassessor Fritz Freiherr von Dücker (1827–1892), 1870 der Berliner Anatom Rudolf Virchow (1821–1902), 1871 der Bonner Geologe und Bergmann Ernst Heinrich Karl von Dechen (1800–1889), 1872 der Bonner Anatom Hermann Schaaffhausen (1816–1893), 1925/1926 der Prähistoriker Julius Andree (1889–1942) aus Münster und 1939 der Rektor Bernhard Bahnschulte (1894–1974) aus Rüthen/Möhne.

Wie ein Fund aus einer Mergelgrube von Lehringen an der Aller im niedersächsischen Kreis Verden zeigt, haben die Jäger des Spätacheuléen selbst die großen Europäischen Waldelefanten nicht gefürchtet. Dort hatte man im März 1948 auffällig große Tierknochen entdeckt, die man bei der ersten Besichtigung für Mammutreste hielt. Tatsächlich handelte es sich jedoch um Knochen eines Europäischen Waldelefanten. Wegen anhaltend schlechtem Wetter konnten diese aber nicht sofort, sondern erst etliche Tage später ausgegraben werden. Bei der Bergung stieß der Mittelschulrektor i. R. Alexander Rosenbrock (1880–1955) auf eine 2,24 Meter lange Holzlanze aus Eibenholz, die im Skelett des Europäischen Waldelefanten steckte. Der Schaft dieser Lehringer Jagdwaffe war vollständig entrindet und glatt geschabt. Nahezu 40 Astansätze hatte man sorgfältig entfernt. Das dünnere Ende der Lanze ist zugespitzt und mit Hilfe von Feuer gehärtet worden. Verrundungen am Unterende der Lanze deuten auf eine längere Verwendung hin. Über den weiteren Verbleib der Lanze kam es zwischen dem Land Niedersachsen und dem „Heimatbund Verden" zu einem siebenjährigen Rechtsstreit, der erst 1955 beigelegt werden konnte. Die bis dahin im „Niedersächsischen Landesmuseum" in Hannover aufbewahrte Lanze wurde dem „Heimatmuseum Verden" übergeben. In der Umgebung der Lehringer Waldelefantenknochen hatte man auch Feuersteinabschläge aufgesammelt, die vielleicht zum Schneiden von Fleisch benutzt worden sind.

Ähnlich alt wie die Lehringer Funde sind vielleicht die Hinterlassenschaften vom Schlachtplatz eines Europäischen Waldelefanten bei Gröbern (Kreis Hainichen) in Sachsen-Anhalt. Diese fossilen Reste wurden 1987 von Arbeitern im Braunkohlentagebau entdeckt. Ein Teil der dort geborgenen Feuersteinwerkzeuge weist Abnutzungsspuren auf, die wohl beim Zerlegen des Tierkadavers entstanden sind. Sie stammen von etwa einem halben Dutzend verschiedener Rohstücke und womöglich ebenso vielen Jägern. Für die Werkzeugfunde aus der Balver Höhle (Balve I), von der Nollheide bei Borgholzhausen im Kreis Gütersloh, aus dem Rhein-Herne-Kanal in Bottrop und Herne und von anderen Fundorten hat der Prähistoriker Klaus Günther den Begriff Spätacheuléen eingeführt. Typisch waren vor allem herzförmige Faust-keile in Levallois-Technik und beidflächig bearbeitete Schaber.

Außer Gestein verwendete man im Spätacheuléen auch andere Rohstoffe zur Werkzeugherstellung. So kennt man aus dem Rhein-Herne-Kanal von Bottrop eine Speiche vom Fellnashorn mit Schlagkerben, einen Knochen mit abgeschrägtem Ende und vier abgeschnittene Rentiergeweihstangen. Auf dem Vulkan Tönchesberg bei Kruft (Kreis Mayen-Koblenz) in Rheinland-Pfalz fand man etwa hundert Abwurfstangen vom Rothirsch, von denen offenbar viele als Hacken benutzt wurden. Die wichtigste Waffe dürfte im Spätacheuléen die aus einem mehrere Zentimeter dicken Baumstämmchen angefertigte Lanze gewesen sein. Damit ging man – wie der erwähnte Lehringer Fund demonstriert – sogar auf Großwildjagd. Auch bei Angriffen von Raubtieren – wie beispielsweise Löwen, Leoparden oder Bären – waren solche Lanzen wohl die wirksamste Verteidigungswaffe.

Die Nachbildung der Jagdlanze aus Lehringen zeigte, dass eine derartige Waffe mit Hilfe von Steinwerkzeugen innerhalb von etwa fünf Stunden hergestellt werden kann. Vielleicht schafften es die Neanderthaler wegen ihrer größeren Körperkraft und mehr Übung in noch kürzerer Zeit. Ungeachtet dessen darf man die Holzlanze als das Gerät mit der längsten Herstellungsdauer betrachten, das aus der Zeit der Neanderthaler und davor bekannt ist. Für das Zurechtschlagen eines Faustkeils benötigte man nicht mehr als 15 Minuten.

Ein Beleg für Gewalt liegt aus der Zeit der Neanderthaler vor etwa 150.000 Jahren vor. Auf der rechten Stirnseite eines in einer Höhle des Löwenkopfberges bei Maba in China entdeckten Männerschädels ist eine verheilte Wunde erkennbar. Die Wucht des Schlages war so stark, dass die Innenseite des Schädels ausbeulte. Ein Sturz oder vom Felsdach der Höhle herabfallende Steinbrocken werden von Anthropologen ausgeschlossen, weil die Wunde am Schädel nur eine kleine Fläche einnimmt. Meist verheilte Verletzungen kennt man auch an Unterarmen, Rippen und am Schultergürtel von Neanderthalern.

Über die religiösen Vorstellungen der Neanderthaler im Spätacheuléen besitzen wir kaum Anhaltspunkte. Da man keine Gräber fand, machte man sich damals offenbar keine Gedanken über ein Leben nach dem Tode. Wie in vorhergehenden und nachfolgenden Stufen der Altsteinzeit wird wahrscheinlich auch im Spätacheuléen rituell motivierter Kannibalismus üblich gewesen sein. Mit kultischen Riten kann man vielleicht vier von Menschenhand bearbeitete Schädel von Riesenhirschen in Zusammenhang bringen, die bei Nachbaggerungen im Rhein-Herne-Kanal entdeckt wurden.

# Der Autor

Ernst Probst, geboren am 20. Januar 1946 in Neunburg vorm Wald im bayerischen Regierungsbezirk Oberpfalz, ist Journalist und Wissenschaftsautor. Er arbeitete von 1968 bis 1971 bei den „Nürnberger Nachrichten", von 1971 bis 1973 in der Zentralredaktion des „Ring Nordbayerischer Tageszeitungen" in Bayreuth und von 1973 bis 2001 bei der „Allgemeinen Zeitung", Mainz. In seiner Freizeit schrieb er Artikel für die „Frankfurter Allgemeine Zeitung", „Süddeutsche Zeitung", „Die Welt", „Frankfurter Rundschau", „Neue Zürcher Zeitung", „Tages-Anzeiger", Zürich, „Salzburger Nachrichten", „Die Zeit", „Rheinischer Merkur", „Deutsches Allgemeines Sonntagsblatt", „bild der wissenschaft", „kosmos", „Deutsche Presse-Agentur" (dpa), „Associated Press" (AP) und den „Deutschen Forschungsdienst" (df). Aus seiner Feder stammen die Bücher „Deutschland in der Urzeit" (1986), „Deutschland in der Steinzeit" (1991), „Rekorde der Urzeit" (1992), „Dinosaurier in Deutschland" (1993 zusammen mit Raymund Windolf) und „Deutschland in der Bronzezeit" (1996). Von 2001 bis 2006 betätigte sich Ernst Probst als Buchverleger sowie zeitweise als internationaler Fossilienhändler und Antiquitätenhändler. Insgesamt veröffentlichte er mehr als 300 Bücher, Taschenbücher, Broschüren und über 300 E-Books.

*Autor Ernst Probst.*
*Foto: Klaus Benz, Fotograf, Mainz-Laubenheim*

# Bücher von Ernst Probst

(Auswahl)

Als Mainz im Meer lag
Als Mainz noch nicht am Rhein lag
Christl-Marie Schultes. Die erste Fliegerin in Bayern
(zusammen mit Theo Lederer)
Der Europäische Jaguar
Der Mosbacher Löwe. Die riesige Raubkatze aus
Wiesbaden
Der Rhein-Elefant. Das Schreckenstier von Eppelsheim
Der Schwarze Peter. Ein Räuber im Hunsrück und
Odenwald
Der Ur-Rhein. Rheinhessen vor zehn Millionen Jahren
Deutschland im Eiszeitalter
Deutschland in der Frühbronzezeit
Deutschland in der Mittelbronzezeit
Deutschland in der Spätbronzezeit
Die Aunjetitzer Kultur in Deutschland
Die Straubinger Kultur in Deutschland
Die Singener Gruppe
Die Arbon-Kultur in Deutschland
Die Ries-Gruppe und die Neckar-Gruppe
Die Adlerberg-Kultur
Der Sögel-Wohlde-Kreis
Die nordische Bronzezeit in Deutschland
Die Hügelgräber-Kultur in Deutschland
Die ältere Bronzezeit in Nordrhein-Westfalen
Die Bronzezeit in der Lüneburger Heide

Die Stader Gruppe
Die Oldenburg-emsländische Gruppe
Die Urnenfelder-Kultur in Deutschland
Die ältere Niederrheinische Grabhügel-Kultur
Die Unstrut-Gruppe
Die Helmsdorfer Gruppe
Die Saalemündungs-Gruppe
Die Lausitzer Kultur in Deutschland
Die Dolchzahnkatze Megantereon
Die Dolchzahnkatze Smilodon
Die Säbelzahnkatze Homotherium
Die Säbelzahnkatze Machairodus
Die Schweiz in der Frühbronzezeit
Die Rhône-Kultur in der Westschweiz
Die Arbon-Kultur in der Schweiz
Die Schweiz in der Mittelbronzezeit
Die Schweiz in der Spätbronzezeit
Dinosaurier von A bis K. Von Abelisaurus bis zu
Kritosaurus
Dinosaurier von L bis Z. Von Labocania bis zu
Zupaysaurus
Der rätselhafte Spinosaurus. Leben und Werk des Forschers
Ernst Stromer von Reichenbach
Eiszeitliche Geparde in Deutschland
Eiszeitliche Leoparden in Deutschland
Frauen im Weltall
Hildegard von Bingen. Die deutsche Prophetin
Höhlenlöwen. Raubkatzen im Eiszeitalter
Julchen Blasius. Die Räuberbraut des Schinderhannes
Johann Jakob Kaup. Der große Naturforscher aus
Darmstadt
Königinnen der Lüfte

Königinnen der Lüfte in Deutschland
Königinnen der Lüfte in Europa
Königinnen der Lüfte in Frankreich
Königinnen der Lüfte in England und Australien
Königinnen der Lüfte in Amerika
Königinnen der Lüfte von A bis Z
Königinnen des Tanzes
Malende Superfrauen
Meine Worte sind wie die Sterne Die Entstehung der Rede
des Häuptlings Seattle (zusammen mit Sonja Probst,
verheiratete Werner)
Monstern auf der Spur. Wie die Sagen über Drachen,
Riesen und Einhörner entstanden
Neues vom Ur-Rhein. Interview mit dem Geologen und
Paläontologen Dr. Jens Sommer
Österreich in der Frühbronzezeit
Österreich in der Mittelbronzezeit
Österreich in der Spätbronzezeit
Pompadour und Dubarry. Die Mätressen von Louis XV.
Raub-Dinosaurier von A bis Z. Mit Zeichnungen von
Dmitry Bogdanav und Nobu Tamura
Rekorde der Urmenschen. Erfindungen, Kunst und
Religion
Rekorde der Urzeit. Landschaften, Pflanzen und Tiere
Säbelzahnkatzen. Von Machairodus bis zu Smilodon
Säbelzahntiger am Ur-Rhein. Machairodus und
Paramachairodus
Superfrauen aus dem Wilden Westen
Superfrauen 1 – Geschichte
Superfrauen 2 – Religion
Superfrauen 3 – Politik
Superfrauen 4 – Wirtschaft und Verkehr

Superfrauen 5 – Wissenschaft
Superfrauen 6 – Medizin
Superfrauen 7 – Film und Theater
Superfrauen 8 – Literatur
Superfrauen 9 – Malerei und Fotografie
Superfrauen 10 – Musik und Tanz
Superfrauen 11 – Feminismus und Familie
Superfrauen 12 – Sport
Superfrauen 13 – Mode und Kosmetik
Superfrauen 14 – Medien und Astrologie
Tony und Bruno Werntgen. Zwei Leben für die Luftfahrt
(zusammen mit Paul Wirtz)
Was ist ein Menhir? Interview mit dem Mainzer
Archäologen Dr. Detert Zylmann
Wer ist der kleinste Dinosaurier? Interviews mit dem
Wissenschaftsautor Ernst Probst
Wer war der Stammvater der Insekten? Interview mit dem
Stuttgarter Biologen und Paläontologen Dr. Günther Bechly
Kastel in der Vorzeit. Von der Jungsteinzeit bis Christi
Geburt
Kostheim in der Vorzeit. Von der Jungsteinzeit bis Christi
Geburt
Wiesbaden in der Steinzeit
Anno 1.000.000. Deutschland in der älteren Altsteinzeit
Die Altsteinzeit. Eine Periode der Steinzeit in Europa vor
etwa 1.000.000 bis 10.000 Jahren
Das Protoacheuléen. Eine Kulturstufe der Altsteinzeit vor
etwa 1,2 Millionen bis 600.000 Jahren
Das Altacheuléen. Eine Kulturstufe der Altsteinzeit vor etwa
600.000 bis 350.000 Jahren
Das Jungacheuléen. Eine Kulturstufe der Altsteinzeit vor etwa
350.000 bis 150.000 Jahren

Das Spätacheuléen. Eine Kulturstufe der Altsteinzeit vor etwa 150.000 bis 100.000 Jahren
Das Moustérien. Die große Zeit der Neanderthaler
Das Aurignacien. Eine Kulturstufe der Altsteinzeit vor etwa 40.000 bis 31.000 Jahren
Das Gravettien. Eine Kulturstufe der Altsteinzeit vor etwa 35.000 bis 24.000 Jahren
Das Magdalénien. Die Blütezeit der Rentierjäger vor etwa 18.000 bis 14.o00 Jahren
Die Hamburger Kultur. Eine Kulturstufe der Altsteinzeit vor etwa 15.700 bis 14.200 Jahren
Die Federmesser-Gruppe. Eine Kulturstufe der Altsteinzeit vor etwa 14.000 bis 12.800 Jahren
Die Ahrensburger Kultur . Eine Kulturstufe der Altsteinzeit vor etwa 12.700 bis 11.650 Jahren
Die Altsteinzeit in Österreich. Jäger und Sammler vor 250.000 bis 10.000 Jahren
Das Jungacheuléen in Österreich
Das Moustérien in Österreich
Das Aurignacien in Österreich
Das Gravettien in Österreich
Das Magdalénien in Österreich
Das Magdalénien in der Schweiz
Die Mittelsteinzeit
Die Mittelsteinzeit in Baden-Württemberg
Die Mittelsteinzeit in Bayern
Die Mittelsteinzeit in Rheinland-Pfalz
Die Mittelsteinzeit in Hessen
Die Mittelsteinzeit in Nordrhein-Westfalen
Die Mittelsteinzeit in Niedersachsen
Die Mittelsteinzeit in Thüringen, Sachsen-Anhalt, Sachsen und im südlichen Brandenburg

Die Mittelsteinzeit in Schleswig-Holstein, Mecklenburg und im nördlichen Brandenburg
Die Jungsteinzeit. Eine Periode der Steinzeit vor etwa 5.500 bis 2.300 v. Chr.
Die ersten Bauern in Deutschland. Die Linienbandkeramische Kultur (5.500 bis 4.900 v. Chr.)
Die Ertebölle-Ellerbek-Kultur. Eine Kultur der Jungsteinzeit vor etwa 5.000 bis 4.300 v. Chr.
Die Stichbandkeramik. Eine Kultur der Jungsteinzeit vor etwa 4.900 bis 4.500 v. Chr.
Die Oberlauterbacher Gruppe. Eine Kulturstufe der Jungsteinzeit vor etwa 4.900 bis 4.500 v. Chr.
Die Hinkelstein-Gruppe. Eine Kulturstufe der Jungsteinzeit vor etwa 4.900 bis 4.800 v. Chr.
Die Rössener Kultur. Eine Kultur der Jungsteinzeit vor etwa 4.600 bis 4.300 v. Chr.
Die Kupferzeit. Wie die ersten Metalle in Mitteleuropa bekannt wurden
Die Michelsberger Kultur. Eine Kultur der Jungsteinzeit vor etwa 4.300 bis 3.500 v. Chr.
Das Rätsel der Großsteingräber. Die nordwestdeutsche Trichterbecher-Kultur
Die Baalberger Kultur. Eine Kultur der Jungsteinzeit vor etwa 4.300 bis 3.700 v. Chr.
Pfahlbauten in Süddeutschland. Dörfer der Jungsteinzeit und Bronzezeit an Seen, Mooren und Flüssen
Die Altheimer Kultur / Die Pollinger Gruppe. Zwei Kulturen der Jungsteinzeit vor etwa 3.900 bis 3.500 v. Chr.
Die Salzmünder Kultur. Eine Kultur der Jungsteinzeit vor etwa 3.700 bis 3.200 v. Chr.
Die Chamer Gruppe. Eine Kulturstufe der Jungsteinzeit vor etwa 3.500 bis 2.800 v. Chr.

Die Wartberg-Kultur. Eine Kultur der Jungsteinzeit vor etwa 3.500 bis 2.800 v. Chr.

Die Walternienburg-Bernburger Kultur. Eine Kultur der Jungsteinzeit vor etwa 3.200 bis 2.800 v. Chr.

Die Kugelamphoren-Kultur. Eine Kultur der Jungsteinzeit vor etwa 3.100 bis 2.700 v. Chr.

Die Schnurkeramischen Kulturen. Kulturen der Jungsteinzeit von etwa 2.800 bis 2.400 v. Chr.

Die Einzelgrab-Kultur. Eine Kultur der Jungsteinzeit vor etwa 2.800 bis 2.300 v. Chr.

Die Schönfelder Kultur. Eine Kultur der Jungsteinzeit vor etwa 2.800 bis 2.200 v. Chr.

Die Glockenbecher-Kultur. Eine Kultur der Jungsteinzeit vor etwa 2.500 bis 2.200 v. Chr.

Die ersten Bauern in Österreich. Die Linienbandkeramische Kultur vor etwa 5.500 bis 4.900 v. Chr.

Die Lengyel-Kultur in Österreich. Eine Kultur der Jungsteinzeit vor etwa 4.900 bis 4.400 v. Chr.

Die Mondsee-Gruppe. Eine Kulturstufe der Jungsteinzeit vor etwa 3.700 bis 2.900 v. Chr.

Die Badener Kultur in Österreich. Eine Kultur der Jungsteinzeit vor etwa 3.600 bis 2.900 v. Chr.

Die ersten Pfahlbauten in der Schweiz. Die Anfänge der Pfahlbauforschung und die Egolzwiler Kultur

Die Cortaillod-Kultur. Eine Kultur der Jungsteinzeit vor etwa 4.000 bis 3.500 v. Chr.

Die Pfyner Kultur in der Schweiz. Eine Kultur der Jungsteinzeit vor etwa 4.000 bis 3.500 v. Chr.

Die Horgener Kultur in der Schweiz. Eine Kultur der Jungsteinzeit vor etwa 3.500 bis 2.800 v. Chr.

Die Schnurkeramiker in der Schweiz. Eine Kultur der Jungsteinzeit vor etwa 2.800 bis 2.400 v. Chr.